国家一流专业建设规划教材
湖北省高校省级教学改革研究项目资助
中央高校教育教学改革基金(本科教学工程)资助

海洋地质专业作业技能训练

HAIYANG DIZHI ZHUANYE ZUOYE JINENG XUNLIAN

杜学斌　张　成　吕万军　姜　涛
李祥权　程　飞　刘秀娟　刘占红　编著
吕晓霞　廖远涛　陈　慧　雷　超

图书在版编目(CIP)数据

海洋地质专业作业技能训练/杜学斌等编著．—武汉：中国地质大学出版社，2020.9
ISBN 978-7-5625-4824-9

Ⅰ.①海…
Ⅱ.①杜…
Ⅲ.①海洋学-高等学校-教学参考资料
Ⅳ.①P7

中国版本图书馆CIP数据核字(2020)第133054号

海洋地质专业作业技能训练 杜学斌 **等编著**

责任编辑：唐然坤　　选题策划：唐然坤　　责任校对：张咏梅

出版发行：中国地质大学出版社(武汉市洪山区鲁磨路388号)　　邮政编码：430074
电　话：(027)67883511　　传　真：(027)67883580　　E-mail：cbb@cug.edu.cn
经　销：全国新华书店　　http://cugp.cug.edu.cn

开本：787毫米×1092毫米 1/16　　字数：237字　　印张：9.25
版次：2020年9月第1版　　印次：2020年9月第1次印刷
印刷：武汉市籍缘印刷厂　　印数：1—1000册

ISBN 978-7-5625-4824-9　　定价：38.00元

前　言

海洋作为人类生存和发展的空间、战略资源的开发基地、国家安全的重要屏障以及现代经济的新增长点，在国家社会经济发展和国家安全中的战略地位已日益突出。中国地质大学(武汉)海洋科学专业自2003年开始招生以来，在学校的大力支持和全体老师的不懈努力下已取得初步成绩。海洋科学学科2001年获得“海洋地质”硕士学位授予权，2003年获得“海洋化学”硕士学位授予权和“海洋地质”博士学位授予权。2007年，我校“海洋科学博士后流动站”由国家人事部和全国博士后管理委员会批准成立，并于2011年成功获批“海洋科学”一级学科博士点授予权，成为国家海洋局和教育部联合共建的首批17所院校之一，构建了本学科“学士-硕士-博士-博士后”的系统的人才培养格局，形成了以“海洋地质与资源”为主要特色并带动相关海洋专业方向的学科体系。中国科学评价研究中心的《中国研究生教育评价报告》显示，在2007—2008年度的同类专业评价中我校海洋科学专业排名第四，在2009年初教育部公布的海洋科学学科同类评价中排名并列第四，2013年并列第五，2016年获得B类评价(并列第五)，2019年成功入选首批国家级一流专业。

经过几年的快速发展，我校海洋科学专业在本科教学、师资培养、实践基地建设等方面取得了重要的成绩，但与地处沿海的海洋科研院所相比依然面临着“地处内陆办海洋”的尴尬处境。面对没有科学考察船、缺少海上作业机会、学生实践机会不足、学生就业单位与海岸紧密性不够这些实际问题，通过近年来的努力，我校增加共建单位、借船出海，努力培养和提升师生海上作业技能水平，制订海洋地球物理和海洋地球化学海上作业培训规程，建设“海洋科学大学生创新探索”实验教学平台，探索培养海洋特色英才的新模式、新机制。本教材正是近年来全体师生在海洋作业技能方面探索成果的总结，它对于内陆省份的内陆高校如何开展海洋科学本科教学实践、如何提升海洋学科地位具有重要的探索性价值。

本教材由杜学斌负责统稿，汇聚了12位教师的教学实践认识。其中，海上单道地震和无人船测深由程飞负责编写，海上地质浅钻和地震资料综合解释由李祥权负责编写，海上柱状样和激光粒度分析由刘秀娟负责编写，释光断代定年由姜涛负责编写，激光拉曼测试由吕万军负责编写，阴极发光仪分析和手持元素分析仪由杜学斌负责编写，海水样品采集与分析由吕晓霞负责编写，岩芯资料综合解释由张成负责编写，钻测井资料综合解释由廖远涛负责编写，海洋生物化石观察由刘占红负责编写，海洋地质过程热史资料解释由雷超负责编写，深海沉积砂岩样品碎屑锆石 U－Pb 年代学数据分析由陈慧负责编写。

本教材的出版得到了中国地质大学（武汉）教务处、中国地质大学（武汉）海洋学院、中国地质大学出版社的关怀与鼎力支持。海洋学院及海洋科学系的领导、同事和相关合作者给予了大力相助。同时本教材得到了湖北省高校省级教学改革研究项目“海洋科学专业海洋作业技能训练与培养”和中央高校教育教学改革基金（本科教学工程）联合资助，在此一并表示谢意！

编著者

2020 年 5 月

目　录

第一分册

海上野外作业技能训练

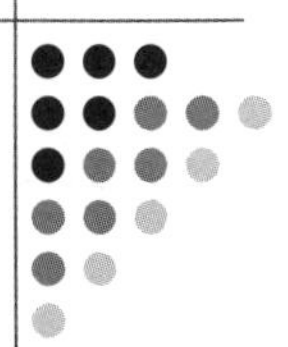

第一部分　海上单道地震

一、实验目的

(1)了解单道地震的探测原理。
(2)掌握电火花震源下单道地震的数据采集方法。

二、仪器设备

1. 单道水听器模块

单道水听器模块有水听器线缆、延长连接缆、绞车。

2. 数据采集接口单元

数据采集接口单元有 PC 主机、数据采集盒、供电模块、BNC 连接线。

3. GPS 定位模块

GPS 定位模块有 GPS 天线(2 个)、主机、数据传输线。

4. SIG 电火花震源系统

SIG 电火花震源系统有能源箱、放电电极、延长连接缆、绞车、连接线。

5. 配件

相关配件有发电机、插座电源线等。

三、实验原理

海洋单道地震勘探技术与海洋环境下的声学特征密切相关。地震波反射是声波在两种具有不同声学阻抗特性介质的边界发生反射。在单道地震勘探中,声波入射角接近垂直入射,由于沉积物横切面的声学阻抗特性的差异,将产生一系列的反射波,正是通过对这些反射波特性的分析来研究海底沉积物地层构造。介质声学阻抗特性不同是因为两种不同物理介质的声速伸缩性和容积密度的差异而造成。在光滑表面上的声波反射系数(μ_0)等于反射波和垂直入射波的振幅之比,如下:

$$\mu_0=\frac{I_2-I_1}{I_2+I_1}=\frac{V_2\rho_2-V_1\rho_1}{V_2\rho_2+V_1\rho_1}$$

式中，I 为声学阻抗；ρ 为介质密度；V 为声速；下标 1、2 代表反射面两边不同的物理介质。能量经过反射回到检波器，它的大小与震源能级和两种不同介质之间的声学阻抗差异（反射系数的绝对值）成比例关系。

未被反射或者散射的能量将透过分界面进入下一层介质。反射能量的大小与反射系数有关，当阻抗差异为负，即 I_2 小于 I_1 的时候，波形的相位将被颠倒。在海洋单道地震勘探中，反射面的上层介质永远是水，地震震源和检波器悬浮在水中，而各种沉积物在海底呈复杂的层状分布。通过检波器接收的反射波振幅大小主要与地震震源的能级、检波器的位置分布和灵敏度、传播过程中的能量损失和其他能量损耗因素以及检波器周围环境的噪声大小等因素有关。

四、实验步骤

1. 设备固定

由于船只在海上随风浪晃动，因此设备（除水听器缆和震源缆之外）需要在连接前固定，然后按照图 1-1-1 所示的方式对采集系统进行连接。

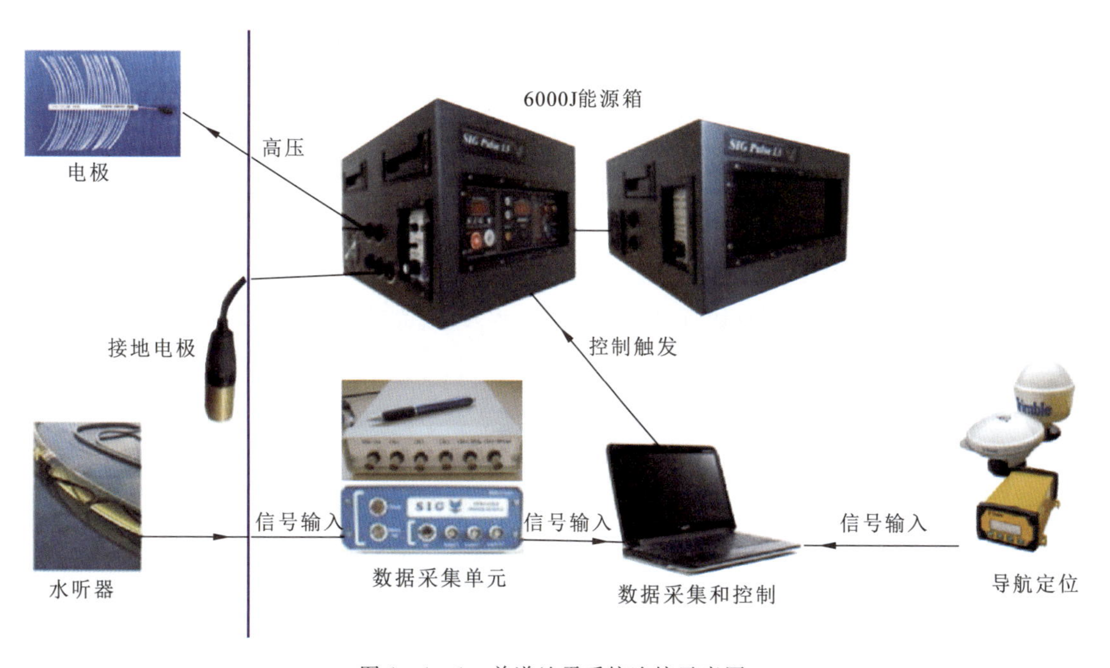

图 1-1-1　单道地震系统连接示意图

2. 连接震源系统

(1)检查电源箱内部的螺丝是否松动,可打开电子盒,检查电路板是否有物理损坏。

(2)接电源线,注意电源插头的火线、零线要按照标记插接,将地线接上,铜地线要放入水中。

(3)将数据采集系统和电源箱连接(BNC 触发接头),将水听器的电缆和水听器的前置放大电源盒连接,选择一个通道,将 BNC 触发接头和数据采集系统连接(在工作前最好将电源盒充电,在工作时也能充电,但会产生干扰)。

(4)将电极放入海水中(绝对不要将电极放在甲板上),电极接入能源箱后,应马上将其放入水中,以防止意外触发。将电极插入能源箱,最后接电源线。

3. 高压系统控制检查

(1)将保险 F2 取下(便于在无高压下检查系统)。

(2)将电源线插入电源插座中,切记注意电源插头的火线、零线要按照标记插接,确认电源灯亮、电压正确。

(3)将紧急停止开关处于正常位置。

(4)将钥匙开关打开,按"HV OFF"按钮时黄灯应亮,"MANNUAL"按钮灯应和触发同步闪烁。

(5)选择功率的上档或下档,之后选择一个功率档,3s 后高压"HV ON"按钮闪动(若要取消该选择的功率档,可以按"HV OFF"按钮),系统检查完成。

(6)将紧急停止开关按下。

(7)将钥匙开关关掉。

4. 启动震源系统

(1)确认保险 F2 插好(高电压能够接入),接上电源。

(2)将紧急停止开关置于正常位置,将钥匙开关打开。

(3)检查"MANNUAL"按钮灯是否和触发同步闪动,选择对应功率。

(4)等待 3s,"HV ON"按钮闪动。

(5)按"HV ON"按钮,将电容充电(注意充电指示条升起),按"MANULAL"按钮或等待外部触发信号,高压开始发射。此时应该可以听到高压放电的声音。

5. 设置采集软件(SonarWiz)

(1)新建工区,设置文件夹名字及文件夹位置,点击图 1-1-2 中的白色选项。

(2)设置采集软件,点击"Sonar"启动软件设置。在"Subbottom"中选择"NI Analog Subbottom Sonar Interface",之后点击"Start/Configure",启动采集参数设置,如图 1-1-3 所示。

在之后弹出的界面中设置震源触发频率、采样时长、采样间隔,如图 1-1-4 所示。注意:一般使震源触发频率大于采集时长,避免出现没记录完,震源又触发信号,此时对应要选

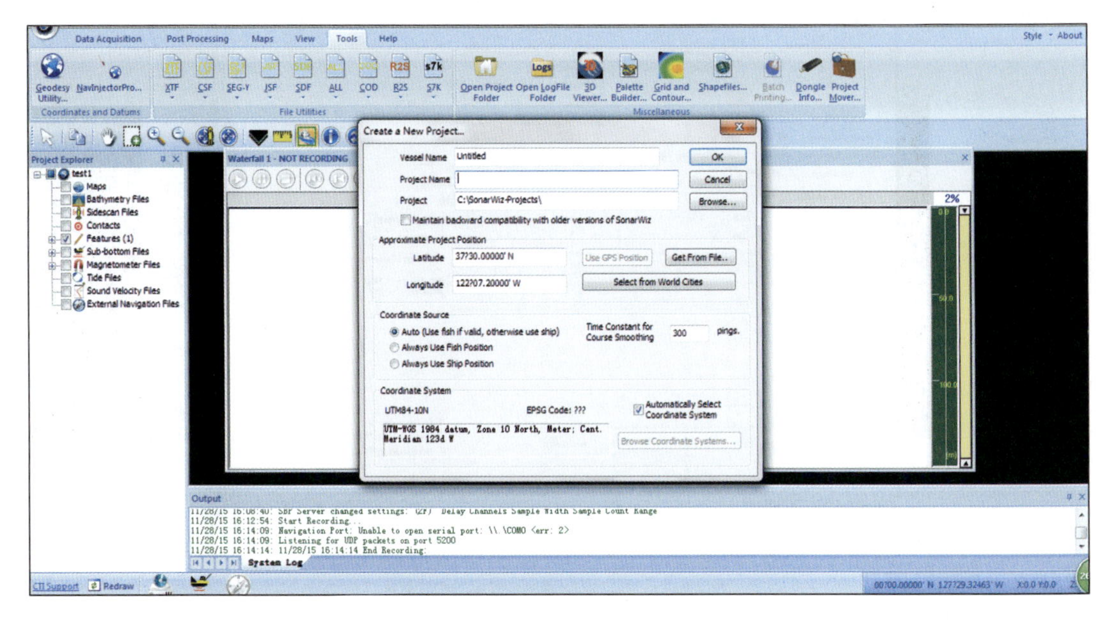

图 1-1-2　新建工区设置示意图

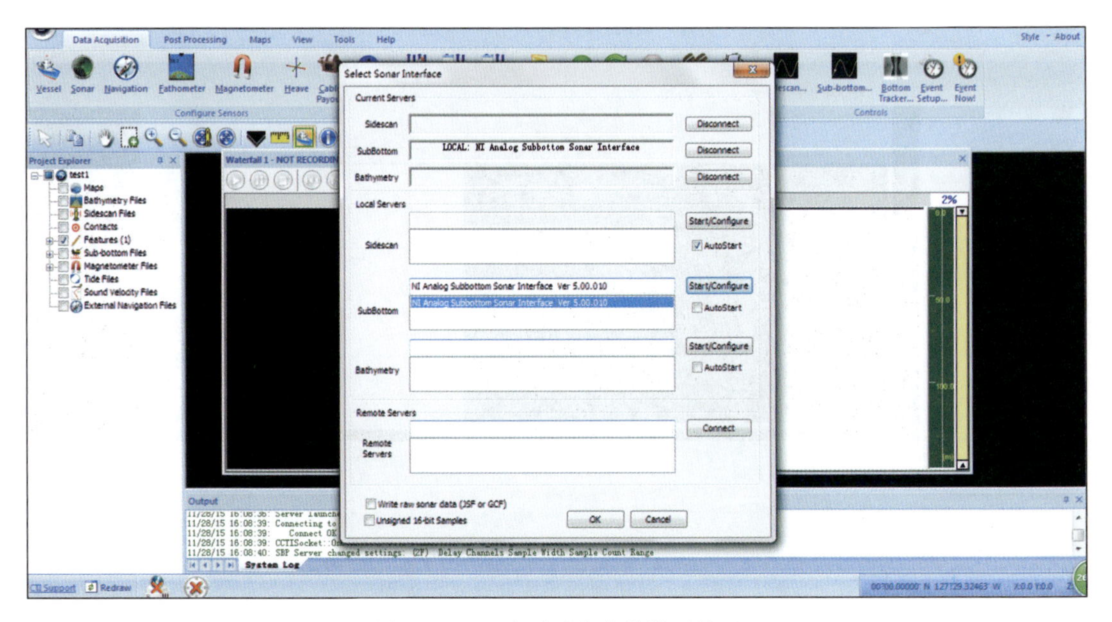

图 1-1-3　启动采集参数设置界面

择的是“INT”。设置好之后，点击“View”，选择“Data Acquisition Views”后选择“Waterfall Display1”，此时就显示单道地震采集界面，可以看到单道地震采集图像。需要注意的是，此时软件并未记录地震数据，只是显示地震采集界面，如图 1-1-5 所示。

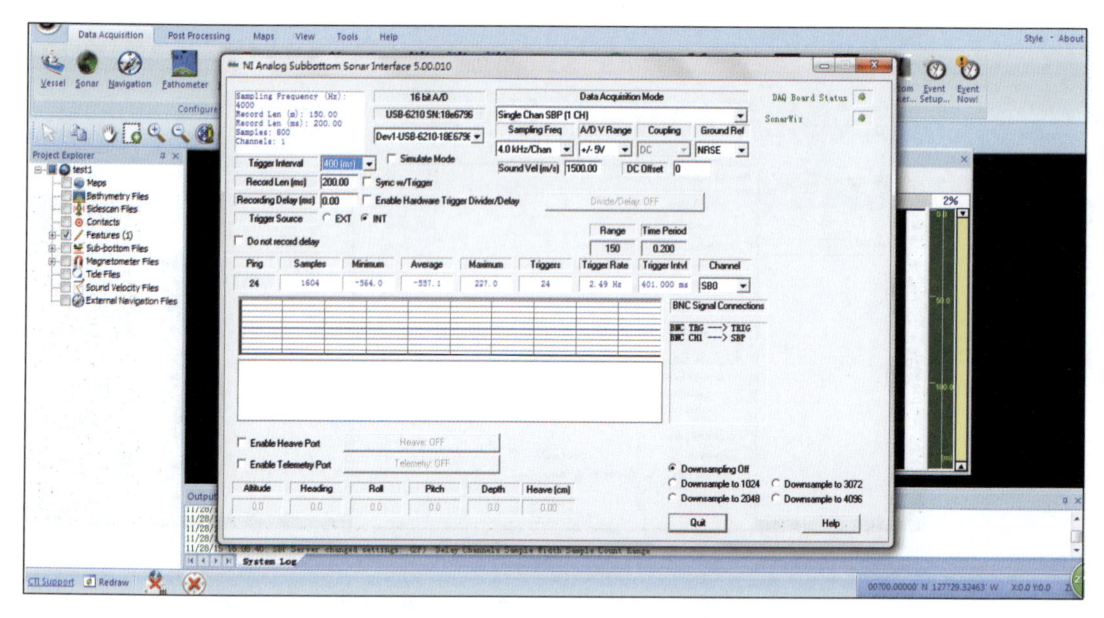

图 1-1-4　采集参数设置示意图

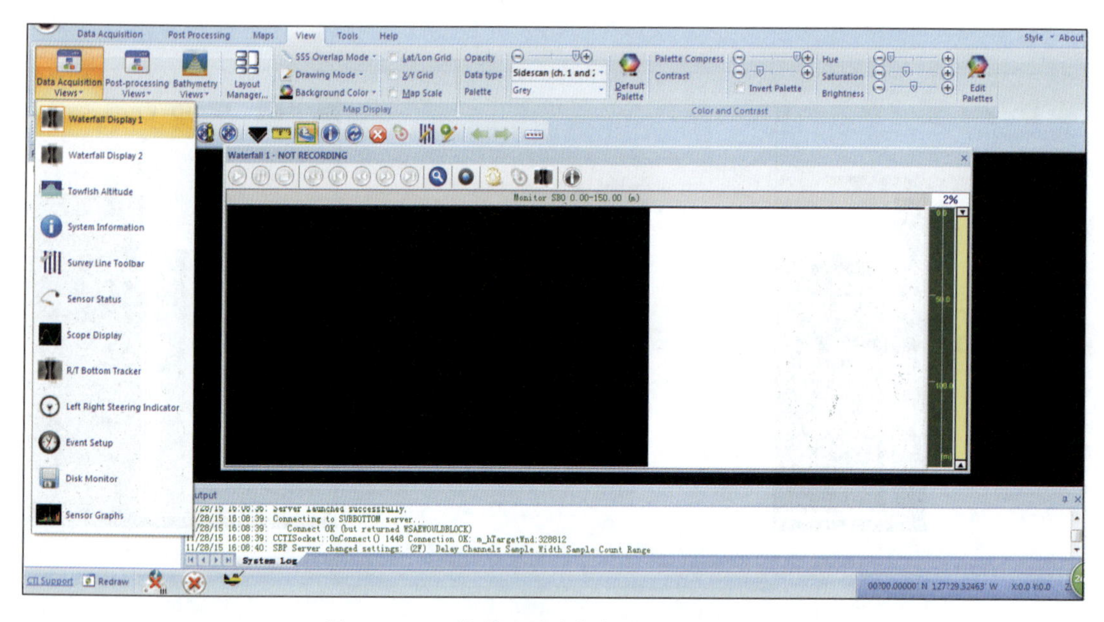

图 1-1-5　单道地震采集实时显示界面(一)

选择记录的数据名称。想要查看记录的单道地震数据，点击“Data Acquisition”，选择“Record”下的“Record Sonar Data”，即可查看相关的记录，如图 1-1-6 所示。在做完一条测线换下一条测线时，点击“Stop Recording”停止记录，要记录下一条测线时重复“Data Acquisition”选择“Record”下的“Record Sonar Data”。注意：需要点击采集界面来刷新采集界面。

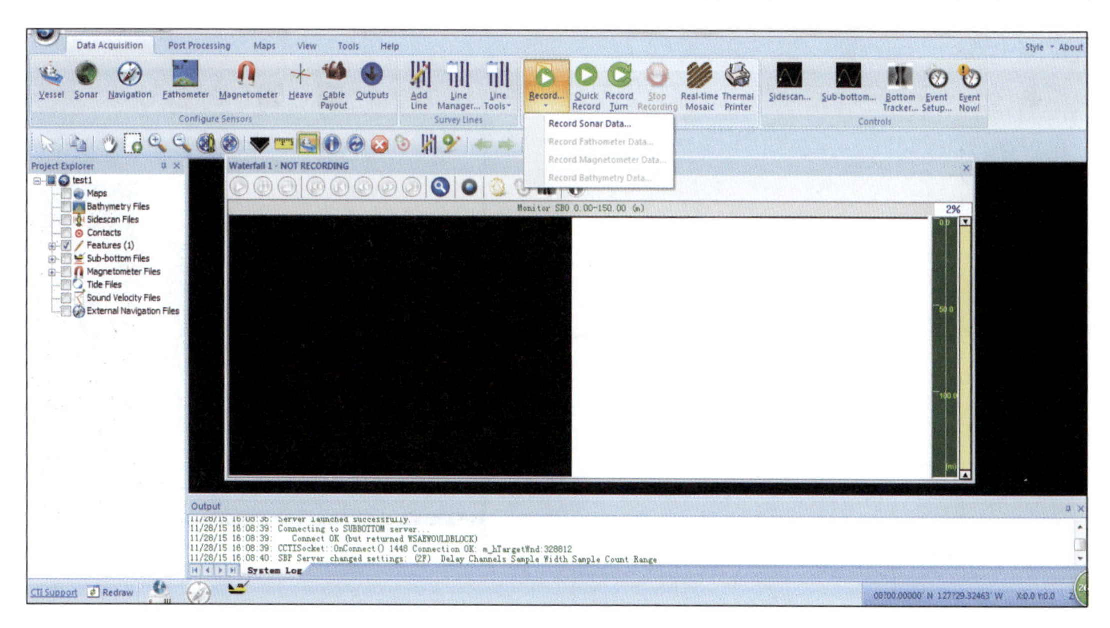

图 1-1-6　单道地震采集实时显示界面(二)

(3)设置 GPS,在软件左下角 3 个图标分别实时表示:仪器是否记录数据、GPS 信号是否正常、仪器通信是否正常。若左下角的 GPS 信号显示有红叉,表明 GPS 信号没有接入,如图 1-1-7 所示。点击"Navigation(GPS)"选项,出现设置的 GPS 格式和波特率,并要设置对应的 COM,数据采集选择"NMEA-GGA",如图 1-1-8 所示。

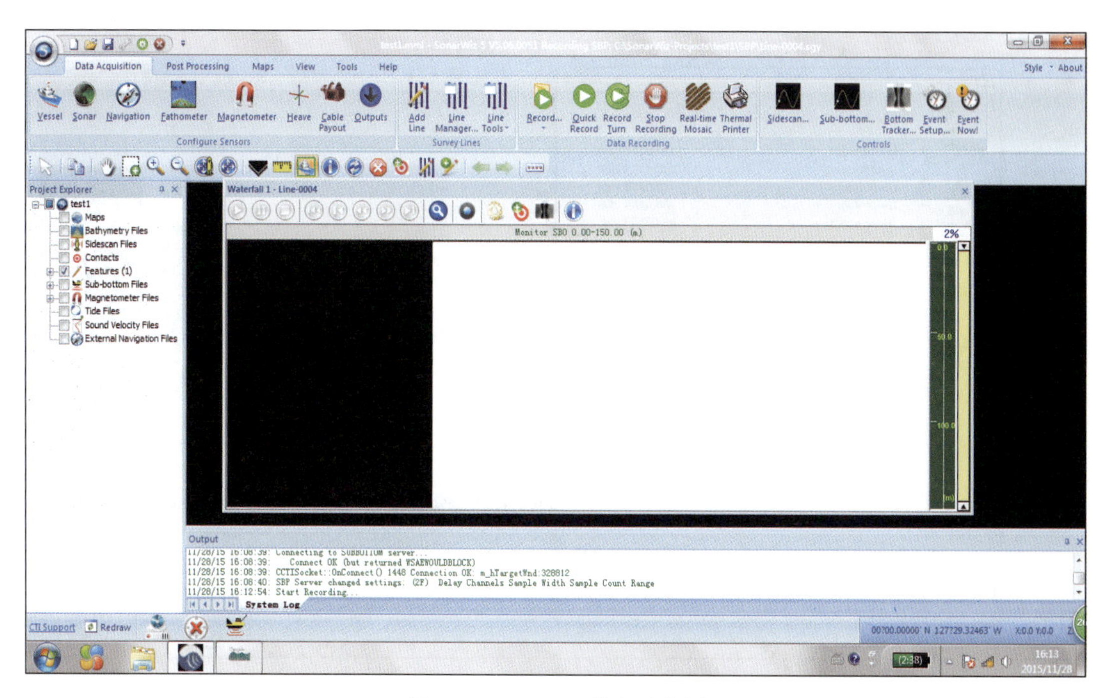

图 1-1-7　GPS 状态示意图

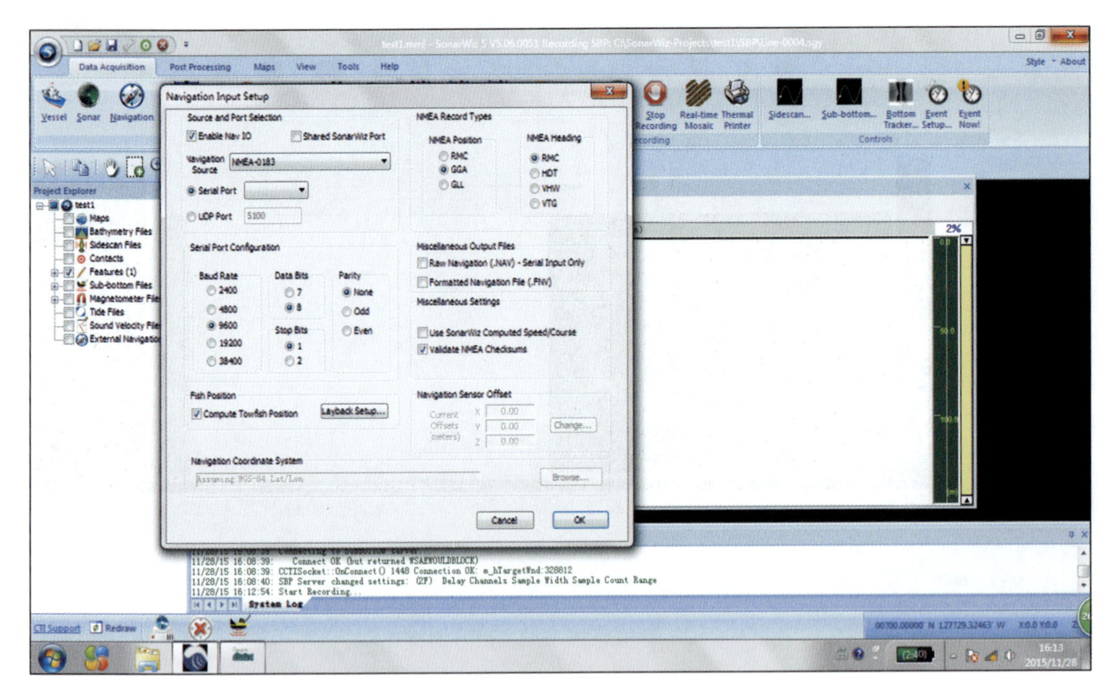

图 1-1-8　GPS参数设置示意图

(4)数据回放,在界面上点击“Post Processing”,选择“Playback”,可以选择回看已经采集的单道地震记录,如图1-1-9所示。

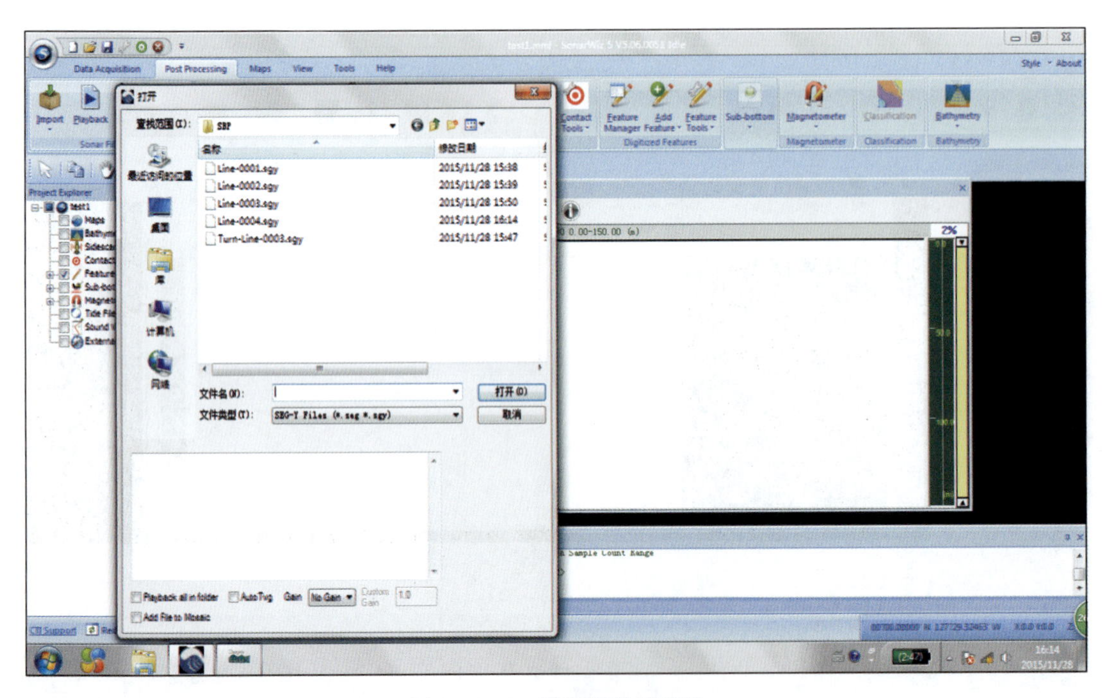

图 1-1-9　数据回放示意图

第二部分　海上地质浅钻

一、浅钻部署原则

浅钻和浅剖地震是海岸带地质调查的重要基础手段，其中浅钻位置的部署及进尺深度是重要的考虑因素，涉及到钻孔控制点的分布、项目设计的工作量、施工条件、钻探能力、工作水深、海底软沉积层厚度等多方面的因素。浅钻井位部署一般遵循以下3个原则。

1. 浅钻部署要尽量位于单道地震测线上

浅钻和浅剖地震的部署设计是开展海岸带地质调查非常重要的一个环节。浅钻位于单道地震测线上，一方面可以开展钻前的预测，包括水深、软沉积层厚度和基岩深度等方面，另一方面浅钻部署到单道地震测线上可以更好地进行井震标定及沉积层速度的换算，这样可以把井上已知的地质信息更好地外推预测，若井位部署到两条（或多条）单道地震测线的交点上则更好。

2. 浅钻部署要考虑区域控制点的分布

浅钻或柱状样的部署要考虑区域代表性，在施工条件允许的情况下，井孔部署要尽量兼顾调查区面上的分布，对于单道地震没有涉及的重点代表性区域也应部署钻孔。

3. 浅钻施工要尽量揭示基岩岩性

在施工条件允许的情况下（设计工作量、施工现场水深、沉积层厚度及施工事故等），浅钻施工最好是钻至基岩。这样才能更好地揭示井孔上软沉积层的厚度、沉积类型及基岩的岩性，也有利于开展井间地质信息对比，从而更好地支撑最终的地质成果图件。

二、钻探平台及钻探设备选择

1. 钻探平台选择

海上钻探影响因素多，钻探平台的选择对钻探、施工人员、钻探机械设备的安全产生重大的影响，甚至决定了钻探质量、钻探效率和钻探成本。钻探平台的选择需综合考虑平台的安全性、稳定性、经济性和灵活性，平台需能抵抗水流阻力、水流冲击力、风力以及钻进时的振动力等。

目前水上钻探常用的平台有浮箱、油桶筏、单体船舶和双体船舶等。浮箱、油桶筏钻探平台搭建简单，可就地取材，造价低，本应是水平钻探平台的首选，但是这两种平台稳定性、牢固性均较差，在大风、高浪情况下难以保证钻探质量和钻探效率，甚至不能保证平台的安全性，更难以保证钻探施工的经济性。与单体船舶相比而言，双体船舶整体稳定性要高于单体船舶，而单体船舶灵活性较强，具备随时移位避风的能力。

图1-2-1为在广州省南部川山群岛海域执行海岸带地质调查任务的单体船舶钻探平台(浙玉机677)。船体长44.8m，宽7.85m，型深3.1m，空载排水量282t，满载排水量607t，配有柴油发电机组、电气焊设备和全套水上作业工具。该船重心低，受外力作用影响相对较小，稳定性好，可在无涌浪情况下抵御7级左右大风，保证了地质钻探人员能够在该海域正常施工钻进。

图1-2-1　川山群岛海域单体船舶钻探平台

浅钻装置为在钻探船的一侧通过工字钢搭建的钻探作业平台，平台伸出船舷3m左右，周围焊接防护栏杆。钻探船的另一侧设置泥浆箱，通过泥浆原材料及备用机具设备、套管等形成配载，使钻探船保持平衡稳定(图1-2-2)。平台外侧设置活动垫板(盖板)，当突遇大风浪等情况需保留套管时，可将活动垫板掀开，钻探船可离开孔位避风，避免钻探船与套管的撞击；在风平浪静后可重新钻探，避免出现废孔。

浅钻船配备交通船1只，用于接送人员、食物补给及船体定位时抛运锚定等。

2. 钻探设备选择

(1)钻机：钻探设备的选择主要考虑在满足钻孔要求的情况下，尽量选用体积小、重量轻、拆卸方便、易吊运的设备。

(2)岩芯管(取土器)：根据研究需要，首先选择适宜的施工钻孔口径，钻探施工质量一般要达到单孔岩土芯平均采取率80%以上，连续岩芯缺失长度不大于50cm，岩芯外层扰动深度不大于10mm。

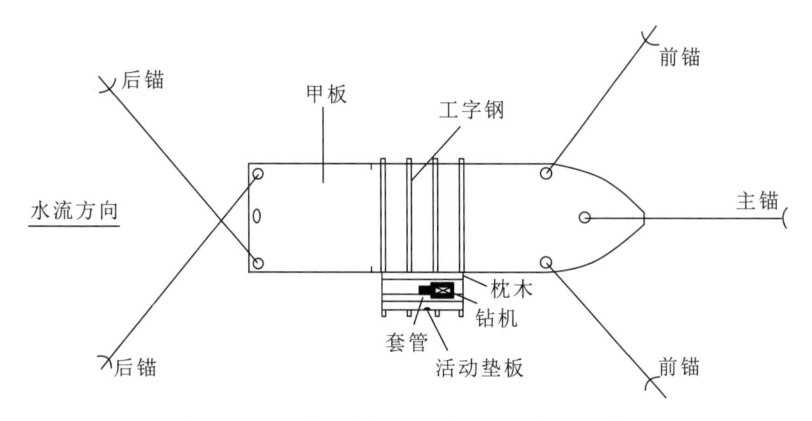

图 1－2－2　浅钻船钻机平台及抛锚定位示意图

三、浅钻施工

1. 钻孔定位

钻孔定位工作采用 GPS 实时差分系统进行，根据设计孔位坐标、锚绳长度、水深与预抛方位，先计算出锚位坐标，由抛锚船送左前锚或右前锚至预定锚位，然后航行至孔位附近，再由交通船送出右前主锚或左前主锚，左后锚、右后锚到预定锚位(图 1－2－2)，将手持式 GPS 置于钻机立轴处，通过多次测量和调整锚绳，使钻机精确对位并固定钻探船，保证定位误差不大于 50cm。

所有定位锚均配备有标志的锚浮子，一方面要保证锚浮子有足够的浮力，标志醒目，另一方面要保证锚标系绳有足够的强度与长度。锚位标识白天使用旗标，夜间使用灯标，以指示过往船只避让。钻探作业时应随时检查锚绳及保护绳的松紧情况，并根据水位的涨落及时调整其长度，放置钻具要随时考虑到钻探船的平衡稳定，防止偏重失稳。

2. 套管安装

拟选用薄壁或厚壁、高强度的优质无缝钢管作为隔水保护套管。现场配备足量短管，便于调整及加接套管。所有的套管在使用前均进行垂直度、损伤、丝扣质量等方面的检查，以保证满足钻探施工技术要求。

孔位确定后用测深仪或悬锤测量实际水深，配置套管。采用钢绳牵引法下管，用钢丝绳牵引并随套管同步下放，以保持套管垂直进入地层，并跟管钻进至稳定层。

3. 原状样采取方法

总体标准：取海岸带海底沉积层柱状样有槽型钻、冲击钻、浅钻孔取样等方法。对取芯柱状样要进行详细的描述、分层，并有目的性地开展采样和分析测试工作。揭示基岩钻孔要求至少揭露基岩浅风化层 30cm。

海底多为第四系海相沉积物所覆盖，根据其性质采用不同的钻进方法，才能做到地层界线准确清楚、孔内清洁、取样不用清孔、土样不受扰动等。

(1)软弱土层:如淤泥、流—软塑性黏土、淤泥质砂土等,含水率高,软而塑性强,易被扰动。钻进时应采用薄壁取土器,用立轴液压压入,回次进尺控制在0.5～1.0m;套管能自动跟进,但要控制超前量,以免影响取原状土样。

(2)砂层:采用活页、半活页钻头取芯,取芯率达到75%以上。

(3)卵砾石层:有一定黏结性,用小一级钻具先钻进3～5m,再下套管,反复进行;在松散地层,先将套管打下2～3m,再用小两级的钻具进行掏芯,掏空再插管。应用带喇叭形钢丝钻头或半活页钻头的普通岩芯管,取芯率达到75%以上。

(4)可塑—硬塑黏性土、全风化层:采用上、下对开长槽的岩芯管,45°内喇叭钻头锤击钻进取芯,取芯率能够保证在90%以上。

(5)强、弱风化层:采用干钻或投卡取芯,取芯率达到85%以上。

(6)微风化层:采用投卡取芯,取芯率能够达到90%以上。

四、取芯描述与处理

1. 班报编录

施工现场编录人员要对取芯进行识别、描述,填写编录表格,班报编录为钻探作业第一手资料,必须真实可靠(图1-2-3)。

钻 探 班 报 表　　表 KD 6319

工程名称:川山群岛海岸带地质调查　　机高:1.30
钻孔名称:DZK2　　船高:
机组/机长:[illegible]　　2018年8月25日—2018年8月25日　　水位:[illegible]

班次	钻头		钻具	钻杆		合计	下钻	起钻	进	孔深		岩芯	岩芯	岩性描述及回水颜色	取样		标准贯入试验	
	种类	规格	长度	根数	长度	长度	上余	上余	尺	起	止	长度	累计		起	止	深度	击数
1	合金	φ110							2.50	0.00	2.50	2.50		[illegible]				
2	〃	〃							2.50	2.50	5.00	2.50		淤泥、有腥味				
3	〃	〃							2.00	5.00	7.00	2.00		淤泥、褐灰色				
4	〃	〃							2.00	7.00	9.00	2.00		[illegible]				
5	〃	〃							2.30	9.00	11.30	2.30		[illegible]				
6	〃	〃							2.10	11.30	13.40	2.10		[illegible]				
7	〃	〃							2.60	13.40	16.00	2.60		[illegible]				
8	〃	〃							2.00	16.00	18.00	2.00		[illegible]				
9	〃	〃							2.00	18.00	20.00	2.00		[illegible]				
10	〃	〃							2.50	20.00	22.50	2.00		[illegible]				
11	〃	〃							2.00	22.50	24.50	2.00		[illegible]				
12	〃	〃							2.00	24.50	26.50	2.00		[illegible]				
13	〃	〃							2.00	26.50	28.50	2.00		[illegible]				
14	〃	〃							2.00	28.50	30.50	1.80		[illegible]				
15	〃	〃							1.80	30.50	32.30	1.30		[illegible]				
16	〃	〃							1.90	32.30	34.20	1.30		[illegible]				
17	〃	〃							0.80	34.20	35.00	0.60		[illegible]				
18	〃	〃							1.50	35.00	36.50	1.40		[illegible]				

备注:机型 XY-1A

图1-2-3　川山群岛海域浅钻钻孔班报实例

2. 钻进深度

取出的岩芯可能压缩或者滑管缺失等导致取出的岩芯反映不了实际钻入深度，只有实际下放的钻杆长度是可以计算的。因此，要留意所使用的钻管长度、下放根数，结合水深水位计算实际下钻深度。

3. 井芯保存及取样

调研井孔取芯一般采用1m长、中间对剖、适宜取芯直径的PVC管保存取芯，孔芯取出后对剖，分别放入两个半圆形的筒管内。为了便于描述和整理，每个筒管内都保证保存进尺为1m整的岩芯，并在筒管底端贴上进尺深度标签(图1-2-4)。在班报编录完成后，将整口井的取芯筒管一排摆好，分局部典型特征特写、单管、全孔段3个层次拍照。对剖的两套岩芯，一套用于永久保存，另一半用于编录和取样，取样要详细记录和标出样品的编号、取样位置。上述流程完成后，用薄膜将PVC管缠封，然后把进尺相同的对剖套管对扣在一起，用塑封袋装上，外面再用胶带捆好。

图1-2-4　川山群岛海域浅钻取芯原样实例

4. 钻孔小结及质量检查卡片

在上述工作完成的基础上，完成井孔小结报告。小结报告中应包括钻孔介绍、取芯小层划分与描述、井孔地质分层、井孔深度及取芯率是否达标、存在问题等方面。针对报告和钻孔小结中可能存在的问题，在野外要及时进行检查、及时纠正问题，并编写钻孔质量检查卡片(图1-2-5)。

野外记录地质资料质量检查卡片实例

项目名称:川山群岛海岸带地质调查

<table>
<tr><td>资料名称</td><td>钻孔地质编录及小结</td><td>地质点号</td><td></td></tr>
<tr><td>剖面或路线名称</td><td colspan="3">DZK05</td></tr>
<tr><td>图幅名称</td><td></td><td>图幅编号</td><td></td></tr>
<tr><td>编制者</td><td>毛健、卢学康</td><td>编制日期</td><td>2018.9.5</td></tr>
<tr><td rowspan="3">存在问题及处理意见</td><td colspan="3">自检记录:
(1)图片拍摄质量较差,缺少局部微观照片的特写,缺少钻孔柱状图。
(2)地质编录中有个别笔误;描述中有些表述欠妥;如第二层“手捏有点滑”过于口语化,改为“手捏松软易滑”;第四层未描述砂砾磨圆度;第四层“饱和”表述过于简单,未说清;第七层“岩芯多呈长柱状”表述不明确。
(3)补充“钻孔小结”。
检查人:毛健 2018 年 9 月 5 日</td></tr>
<tr><td colspan="3">互检记录:
(1)班报记录表要字迹清晰。
(2)岩芯应该剖开后拍照。
(3)基岩的定名由“γ_5 侵入岩”改为“γj_2 侵入岩”。
(4)剖面或路线名称将“ZK05”改为“DZK05”。
检查人:李祥权 2018 年 9 月 10 日</td></tr>
<tr><td colspan="3">专检记录:
(1)钻孔编录中钻孔地质位置描述不准确。
(2)电子版中未记录钻孔施工单位、地质编录、采样等信息。
(3)岩芯照片拍摄照片严重不清晰,需要重新拍摄。
检查人:杜学斌 2018 年 9 月 20 日</td></tr>
<tr><td>修改记录
编制者</td><td colspan="3">上述问题已修改或补充完善。
编制人:卢学康 2018 年 9 月 21 日</td></tr>
</table>

图 1-2-5 川山群岛海域浅钻钻孔野外质量检查卡片(实例)

五、海上钻探注意事项

海上钻探有它的特殊性，受自然条件（如潮差、风向、风力和海流等）影响较大，因此海上钻探必须执行港监部门的有关规定，做到安全生产。

（1）要到当地港监部门办理海上设施适用证书，平台拖运要办理适拖证书，在施工范围内要办理航行通告。

（2）勘探前要到港务部门索取潮差表，了解潮差的变化规律及有无暗礁等情况，在台风季节要先找好避台风地点。

（3）平台拖航前应掌握天气情况，找有经验的船员了解沿途的海况。拖航期间天气应良好，拖航速度宜控制在6～8海里/h（1海里＝1852m）。拖运前应将平台上的所有活动件固定住，物品摆放要保证平台的吃水线四周基本一致。平台在拖运中应配有通信设备，以便联系。

（4）海上勘探期间要指定专人负责收听、收看天气预报。超过5级的大风天气则不得出海作业。

（5）交通船及平台上要备齐救生设备，平台上要备有求救信号弹，要装好适用于能见度差的天气状况下显示信号的航标灯。航标灯放置的位置可视性要好，即从每个角度都可以看到，防止过往船只相撞发生意外事故。

（6）平台上要有消防水泵，并配备2只CO_2灭火器。

（7）平台上机械底部要设有集油盘，防止各种油料造成海水污染。

（8）平台定位时要根据风向和海水流向定，一般情况下平台前端要顶流而放，平台前端最好也迎风向，但有时风向与海流方向不一致，应以海水流向为主。

（9）平台定位后要根据潮差的变化大小和风力的大小来确定升降高度，正常情况下要高出最大潮位2～3m，以保证平台的绝对安全。

（10）平台移位后作业人员不能马上离开。平台移位极易造成各桩腿的不均匀下沉，可导致平台倾斜，严重时可造成平台翻倒。因此，平台移位后要在上面工作2h以上，使不均匀下沉相对稳定，发现平台倾斜要及时进行调整。

第三部分　海上柱状样

在海洋地质调查、资源勘探和矿产评估中，海底采集样品的技术及设备占据了重要的地位，它的作业水深范围可从几米的滨海扩展到几千米的深海。例如太平洋深海的资源调查，就是通过无缆抓斗、拖网、箱式取样、柱状采集器、海底钻孔取样等海底取样技术进行了资源普查与评估。为了更好地获得海底沉积物样品，各种取样技术与装备应运而生，并迅速得到发展。本章主要介绍海底采样中比较普遍使用的柱状采样方法。由于地质目的不同、底质类型不同、对样品的要求不同，相应的采样方法和设备也不尽相同。

海上柱状样采集是进行海洋地质调查的一种基本方法，它主要用来采集海底表层以下松散沉积物垂直方向上一定长度的柱状样品。通过对沉积物柱状样品的分析和研究，可以了解海底沉积物的历史、沉积规律以及各种因素在海底垂直方向的分布和变化。海底沉积物样品采集的设备选择与沉积物的类型有关，通常在近海泥质沉积区采用重力型采样方法。该采样方法操作简单，在深海区域取样一般采用重力活塞采样器，该采样方法对采样设备要求较高。

近海浅层沉积物属于海岸沉积物的一部分，主要来源是陆上和海岸处基岩的风化物以及各种地质营力作用下进入的陆源碎屑物，它的特征主要取决于物质的来源和形成时的动力环境。沉积环境（如沉积物来源、水动力、生物作用、地貌特征和沉积物搬运趋势等）是影响近海浅层沉积物性质的主要因素。近海浅层沉积物性质及化合物含量在水平和垂直空间分布上存在一定差异。

样品采集方法的科学性在很大程度上决定了沉积物各种测试结果的可靠性。采集区域、采样频率、采样点布设方式、采样方法的选择以及样品保存和储藏方法的确定，对沉积物分析测试数据的可比性及准确把握采样区的地质状况都具有重要意义。因此，采样方案的编制，应充分考虑海上柱状样采集的目的和所要达到的要求，要掌握研究区域的沉积历史和现有证据，最终确定一套正确、清晰、简单易行的海上柱状样采集和保存方案。接下来主要详细介绍近海柱状取样的基本方法。

一、研究区背景分析

研究区背景资料、现有资料的收集与分析对潮间带沉积物质量及本底调查和评估具有重要意义，一方面它影响样品采集的数量和站位的布置，另一方面也直接影响后续的分析测定和质量评估的结果。对研究区的自然地理与环境地质两方面进行资料搜集，主要包括以下几个方面。

(1)海岸类型:包括基岩海岸、砂质海岸、泥质海岸、红树林海岸等。区分不同海岸类型及沉积物组成,确定不同的采样方案以及样品测试分析项目。

(2)地形地貌:包括平直海岸、海湾、河口、潟湖通道、岛屿等,以及潮滩坡度、距离、多年淤积与侵蚀状况等。了解研究区沉积速度及稳定性,确定样品采集方案的可行性和代表性。

(3)气象水文:主要包括区域枯水期和丰水期时间、降水量与蒸发量、河流分布、河流径流量及泥沙含量等,一方面要了解潮间带沉积受河流影响程度,另一方面要合理安排沉积物样品采集时间及方案。

(4)潮汐资料:包括水动力及变化规律。了解潮汐作用对潮间带沉积过程的影响,并有助于合理安排样品采集时间。

二、柱状样采样点布置原则

(1)采样点布置要有目标可达性,即采样点布置要充分满足沉积物质量评估目标的要求。

(2)沉积物采样断面的设置要与生物断面一致,以便将沉积物组成、理化性质、受污染状况与生物状况进行对比研究。

(3)采样点应具有代表性,沉积条件要稳定,站位选择应充分考虑入海河流水文条件、潮汐作用、沉积速率、沉积结构(微结构、粒径)、沉积物的理化性质等方面,从而保证采集的样品对整个调查区域沉积物的某项指标或多项指标有较好的代表性。

(4)采样点布置要具经济性,力求以较少的海上柱状样采样点取得代表性最好的样点。

(5)若采样区域位于河口处且沿岸线沉积物性质变化明显,应适当增设采样点;采样点应在高潮区、中潮区和低潮区分别布设,同样当沉积物性质沿垂直岸线方向有较大变化时,可适当增加采样点。

(6)底质为基岩或粗碎屑沉积物时,不宜进行柱状采样;底质以泥质、泥砂质、砂质为主时采集柱状沉积物样品,柱状样品长度最好大于100cm。

(7)沉积物柱状采样点数应占表层样采集点数的1/10以上,一般布设在中潮区和低潮区,大致沿平行岸线布设。

三、样品量

在样品采集之前,首先要分析研究区域的沉积物类型、采集目的、样本数量以及每个样品所需的沉积物质量(一般应大于1kg)。实际采集过程中应根据样品的测试分析项目,确定沉积物质量评估所需的样品最小量。建议在对每个采样点采样时,在最小总量的基础上多采集一些沉积物,并在实验室对其进行适当的保存。如果实验结果出现异常,便可以对样品进行再次测试,或者如果在运输途中样品遗失或损坏,则仍然能够开展相应的分析实验。

四、样品采集时间

一般说来，由于沉积物相对稳定，受水文、气象条件变化的影响比较小，它的结构组成、理化性质、有机物质、常量和微量元素及矿物含量等短时间变化不大，采样频次与生物样品采集相比较少。表层沉积物采集频次为一年两次（枯水期和丰水期各一次），柱状沉积物样品项目研究期内采集一次即可。潮间带沉积物采集应在低潮时间进行。

五、样品的采集方法

在沉积环境相对稳定、受外界扰动（包括人为、生物或水动力）较小并具有代表性的中潮滩、低潮滩获取沉积物柱状样，借助插管法或泥炭采样器（或沉积物采样器）进行采样。

插管法适用于滩面较硬、压实较小的滩涂。现场将半径 10cm 左右的有机玻璃管或 PVC 管（取样管直径越大，对沉积物的压实作用越小）缓缓垂直压入潮间带沉积物中，取样过程中尽量保持沉积物的原始状态。

泥炭采样器（或沉积物采样器）适用于滩面较软的细粒沉积区，这是因为传统的插管法对沉积物的压实作用显著。本部分重点介绍插管法，具体采样辅助器材及步骤如下。

1. 沉积物采样辅助器材

辅助器材有击打锤、垫板、铁锹、抗延展绳子、螺丝钉、螺丝刀、密封胶带、抬物杆、防滑防水手套、清洁刷。

2. 样品采集设备及参数

潮间带的淤积程度及水深限制了大型笨重且需要特种车辆或者船舶等作为操作平台的柱状样品采集设备的应用。市场上一般的沉积物取样器可采集长度较小且直径不大的柱状样品，而对于长度大于 100cm 且直径大于 10cm 的样品则很难实现，且这类设备结构相对复杂，成本高昂。因此，此类设备对于潮间带沉积物的柱状样品采集的适用性较差，柱状样品半径为 10cm，长度为100～130cm。

图 1-3-1　海上柱状样野外采集

采集设备如图 1-3-1 所示，具体包括取样管及配件。取样管长 130cm，内径 20cm，壁厚 0.5cm，采用玻璃钢（FRP）材质加工而成，并附有刻度的有机玻璃管或 PVC 管，底端端口外沿打磨薄，便于打入沉积物中，顶端端口内沿磨平，便于后期密封。配件包括管帽和橡胶塞。管帽尺寸对应取样管，其半径 10.5～10.6cm，壁厚 0.5cm，高 10cm，内有衬垫，主要用于取样管底端封堵。橡胶塞用于取样管顶端封堵，设计为圆台状，上半径为 10.5～11.5cm，下半径为 8.5～9.5cm，中心小孔直径为 0.1～0.2cm。

3. 采集步骤

(1)检查采样器各部件是否完整、安全、牢固。

(2)将取样管竖直放置于取样点，用力下压，使得取样管底端竖直进入沉积物中。

(3)将垫板平放在取样管顶端，用击打锤垂直击打，直至取样管内样品距端口 10cm 左右，使橡胶塞与样品零接触。

(4)用橡胶塞将取样管顶端封堵，轻轻击打，使其与样品间的空气通过小孔排出，然后用螺丝钉将小孔堵上。

(5)用铁锹在取样管周围开挖一定深度，使得绳索能够缠绕固定取样管，然后将其极慢提出，同时观察管内样品的完整情况(可能因负压作用导致样品滑落，此时应稍作停顿，待样品自动回升后再继续进行)。

(6)用管帽封堵取样管底端，清洁取样管，标记标识，保持竖直存放，以免发生扰动。

六、样品的保存与运输

1. 样品储存容器

用于储存沉积物样品的容器应为广口硼硅玻璃瓶和聚乙烯袋。测定湿样和硫化物等样品的储存应采用不透明的棕色广口玻璃瓶当做容器。用于有机物测定的沉积物样品应置于棕色玻璃瓶中，测痕量金属的沉积物样品用聚四氟乙烯容器。聚乙烯袋要使用新袋，不得印有任何标识和字迹。样品瓶和聚乙烯袋预先用硝酸溶液(1+2)泡 2～3d，用去离子水淋洗干净、晾干。用于粒度、磁化率、有机质、矿物元素等指标测定的样品可直接用普通实验样品袋存储。

2. 样品保存

根据实际测试需要确定取样间隔，取好样品的瓶(袋)要贴标签，并将样品袋号及样品箱号记入现场描述记录表内，在柱状样品的取样位置上放上标签，其编号与瓶(袋)号一致。取好的样品要密封保存。凡装样的广口瓶需用氮气充满瓶中空间，放置于阴冷处，采用低温冷藏。

3. 样品运输

空样容器送往采样地点或者装好样品的容器运回实验室供分析都应非常小心。包装箱可用多种材料，用以防止破碎，以保持样品的完整性，使样品损失降低到最低。取得的潮间带柱状样品在运输过程中要保持竖直放置，避免发生扰动。

第四部分　无人船测深

一、实验目的

(1)了解单波束测深的探测原理。

(2)掌握无人船野外水深数据采集方法。

二、仪器设备

1. 船载系统

船载系统包括:iBoat BS2 型无人船船体、供电系统、动力装置、船载高速网络通信系统。

2. 岸基系统

岸基系统包括:手持遥控器、便携式笔记本电脑、地面高增益数字通信电台。

3. 测深定位设备

测深定位设备包括:无人船专用测深仪、船用定位设备。

4. 基准站

基准站包括:定位基准站套件、脚架、基座。

三、实验原理

单波束测深仪的测深过程是采用换能器垂直向下发射短脉冲声波,当这个脉冲声波遇到海底时发生反射,反射回波返回声呐,并被换能器接收。换能器到海底的水深值由声波在海底间的双程旅行时间和水介质的平均声速确定,公式如下:

$$D_{tr}=\frac{1}{2}Ct$$

式中,D_{tr}为换能器与海底之间的距离;C 为水体的平均声速;t 为声波的双程旅行时间。

上述水深值 D_{tr} 中加上换能器吃水深度改正值 ΔD_d 和潮位改正值 ΔD_t,即可得到实际水深 D,公式如下:

$$D = D_{tr} + \Delta D_d + \Delta D_t$$

单波束测深的特点是波束垂直向下发射，接收反射回波，因此声波旅行中没有折射现象或者折射现象可忽略不计（入射角近于零）。反射波能量占回波能量的全部或绝大部分，其回波信号检测方法只需要使用振幅检测方法即可。

单波束测深过程采取单点连续测量的方法，测深数据分布特点是沿着航迹数据十分密集，而在测线之间没有数据。因此，在数据处理成图过程中，为解决测深数据分布不均匀问题，均采用数据网格化内插的方法来预测测线间数据空白区域的水深变化情况和趋势。

四、实验步骤

1. 设备启动

（1）开启遥控器：将遥控器天线拨直，保证油门在中位后，长按开关打开遥控器，有报警则按遥控器右下方的“确定”按钮。

（2）开启无人船：船的“开启”按钮打开后会发出“滴滴滴”的声音，等到声音停止以后就是正常开启了。

（3）船自检启动：开启无人船 1min 后，将方向键往下拨至底端 3s 再回中，切换模式开关，先切到“保持”再切到“手动”，轻微拨动油门摇杆或左右摇杆查看电机是否正常转动。

2. 软件设置

（1）IP 设置：打开电脑的网络和共享中心，将本地连接的 IP 地址改为使用固定 IP，即 192.168.1.88，子网掩码会自动识别为 255.255.255.0，其他选项不用修改，然后点击“确定”按钮。

（2）虚拟串口软件：安装 USR 虚拟串口软件后，打开软件，点击“添加”按钮，弹出“添加虚拟串口”窗口，添加一个串口如图 1－4－1 所示（串口号可以自由选择）。

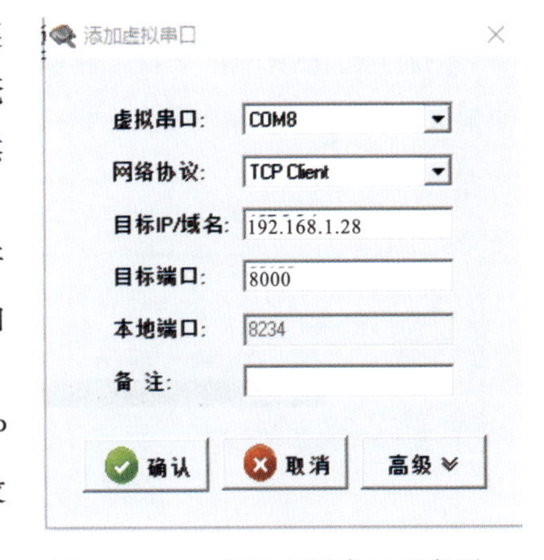

图 1－4－1　添加虚拟串口示意图

虚拟串口设为 COM8（自选）；网络协议设为 TCP Client；目标 IP/域名设为 192.168.1.28；目标端口设为 8000。

添加成功后，如图 1－4－2 显示。若网络状态显示“已连接”，并且网络接收数据都在变化增加，说明连接成功，即可最小化软件。

（3）GPS 设置：打开 Hi－max 测深仪软件，点击“串口调试”，仪器串口、仪器类型、波特率为之前在“设备连接”界面设置的 8000 端口、K10、19200，无需手动改动，直接点击“连接”，成功后窗口如图 1－4－3 所示。

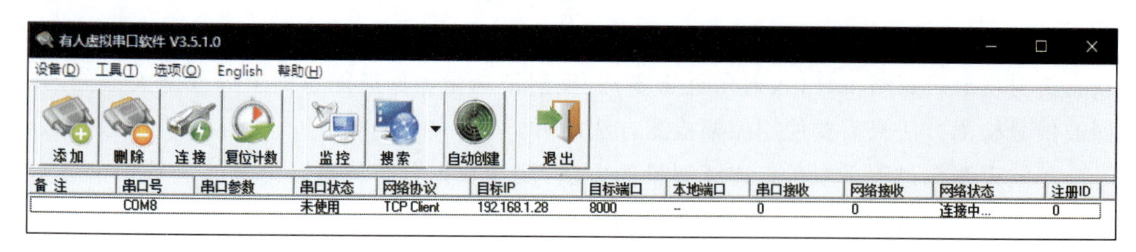

图 1-4-2　串口状态示意图

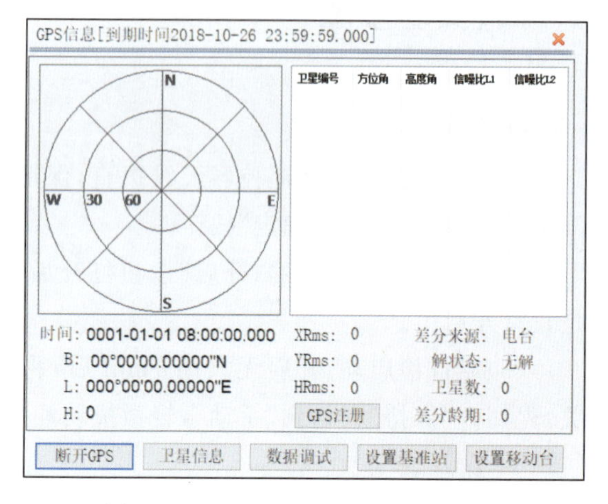

图 1-4-3　GPS 连接状态示意图

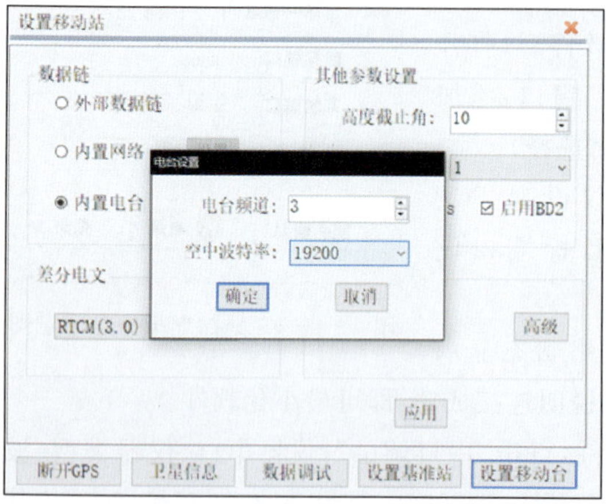

点击“设置移动台”，选择数据链格式，架设基站则选择“内置电台”，点击“设置”，输入频道号后点击“确定”。然后点击“设备连接”，仪器串口选择端口号为 8000 的 GPS 口（自定义串口号），仪器类型为 K10，波特率无需改动，天线高为 0.45m，最终如图 1-4-4所示。

点击“开始测试”，会有如图 1-4-5 所示的一串字符信息。正常情况下会显示“数据正常”或者“日期不正常”。日期不正常时进入软件的“串口调试”窗口下再次发送 GGA、ZDA、RMC 和 VTG 命令，再返回来即显示“数据正常”，如图 1-4-5 所示。

图 1-4-4　移动站设置示意图

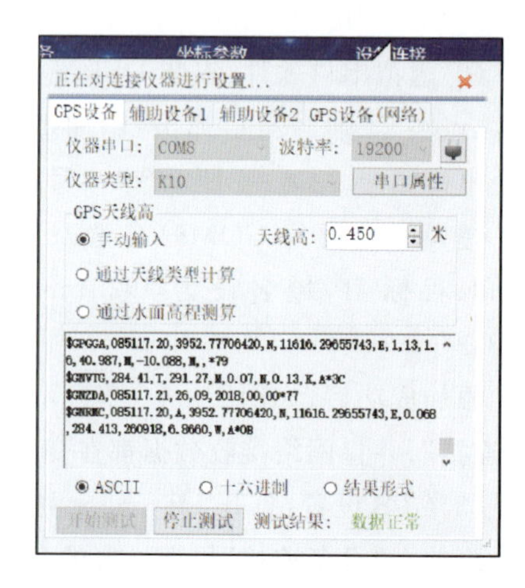

图 1-4-5　设备连接测试示意图

(4)船控软件设置:打开船控软件,在配置界面进入后选择“连接”,同时也可以设置“自动连接”,在下次打开程序时,程序会自动根据保存的小船的IP地址和端口号连接测量船,如图1-4-6a所示。连接成功后,在上方选择,进入地图界面(图1-4-6b),其中左侧由上到下依次显示船体姿态、仪表盘、模式控制等。运行模式包括自动、手动、保持、返航等。

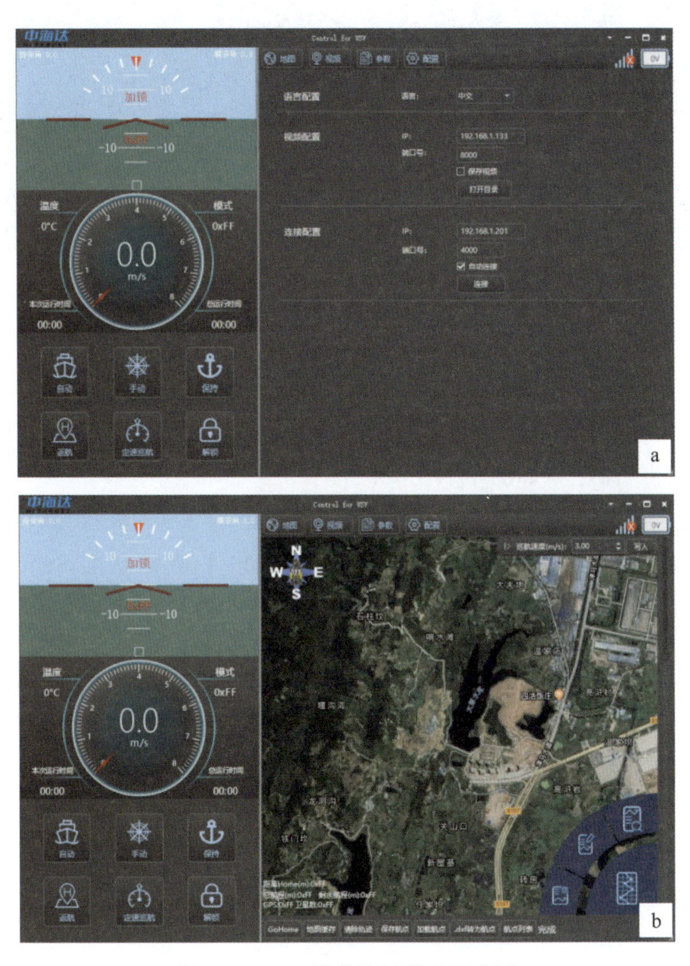

图1-4-6　船控软件设置示意图

定速巡航设置:设置自动航行时船只行驶速度,要写入后才能改写速度。

Home点设置:在地图上点击鼠标右键会出现“Home设置”选项,可以选择设置鼠标位置为Home点的“当前位置为Home点”,也可以设置“船的位置为Home点”。

(5)绘制测线:点击鼠标右键,点击“多边形设置”弹出二级菜单,点击“添加多边形”可以在地图上通过鼠标左键画出一个多边形,然后点击“路径规划”,程序将根据多边形自动规划出航点,并且弹出一个“参数设置”对话框,提供4个调节参数用于航点的微调,如图1-4-7所示。

之后，首先，点击 将航点写入无人船中；其次，点击 查看航点是否写入正确；最后，点击 ，无人船将根据所规划路径自动导航。

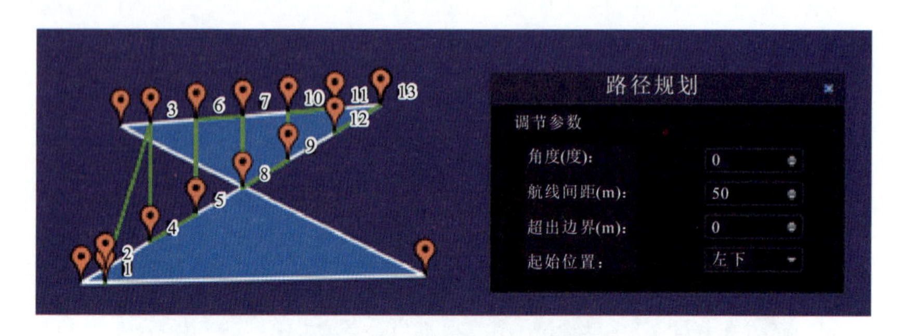

图 1-4-7　绘制测线示意图

(6)坐标参数：在计划好测线以后，打开 Hi-max 测量软件，按照工程要求点击“坐标参数”，弹出“请输入坐标转换参数”窗口，输入坐标转换参数，选择需要的当地椭球坐标系、投影、转换参数等，点击“保存”，如图1-4-8所示。

(7)船型及吃水参数设置：点击“船型设计”，弹出图 1-4-9 所示“请输入船型参数和仪器安装参数”窗口。BS2 无人船 GPS 天线比换能器水平位置靠前 8cm，需在“船艏方向(正)”处输入“0.08”，两者均在船的中轴线上，故“右船舷方向(正)”为 0。

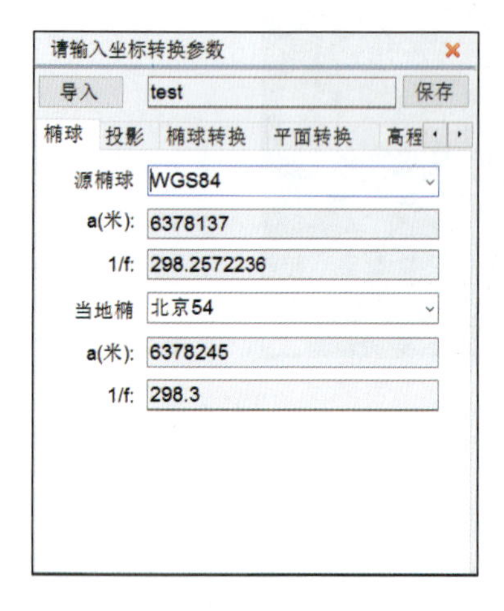

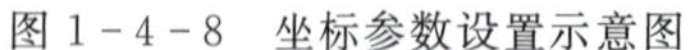
图 1-4-8　坐标参数设置示意图

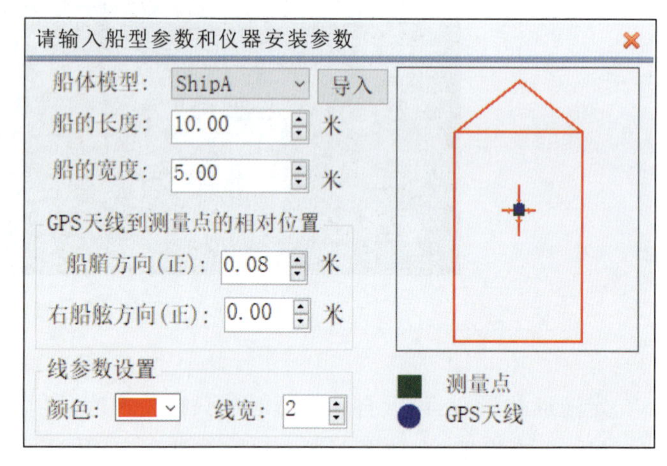

图 1-4-9　船型参数设置示意图

在 Hi-max 软件中点击“测深测量”，选择“测深设置”，如图 1-4-10 所示，输入吃水值，BS2 无人船建议吃水值设置为 0.10m。然后点击“测量设置”，如图 1-4-11 所示，可在左下角选择记录条件，记录条件向上兼容。比如选择“单点解”，则单点解及以上的条件(差分解、固定解)均记录数据;选择“固定解”,则只记录固定解状态下的数据,差分解、单点解不记录。同时也要设置它的“定标模式”,一般选择“按照实际行走距离”,距离自定。

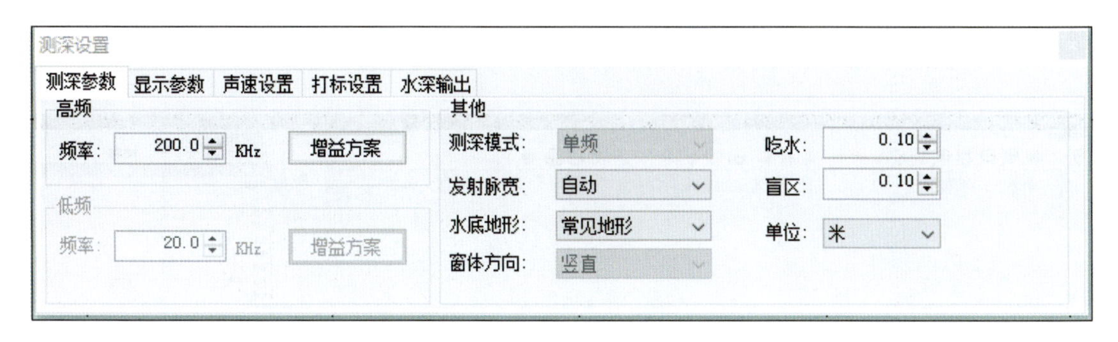

图 1-4-10　测深参数设置示意图

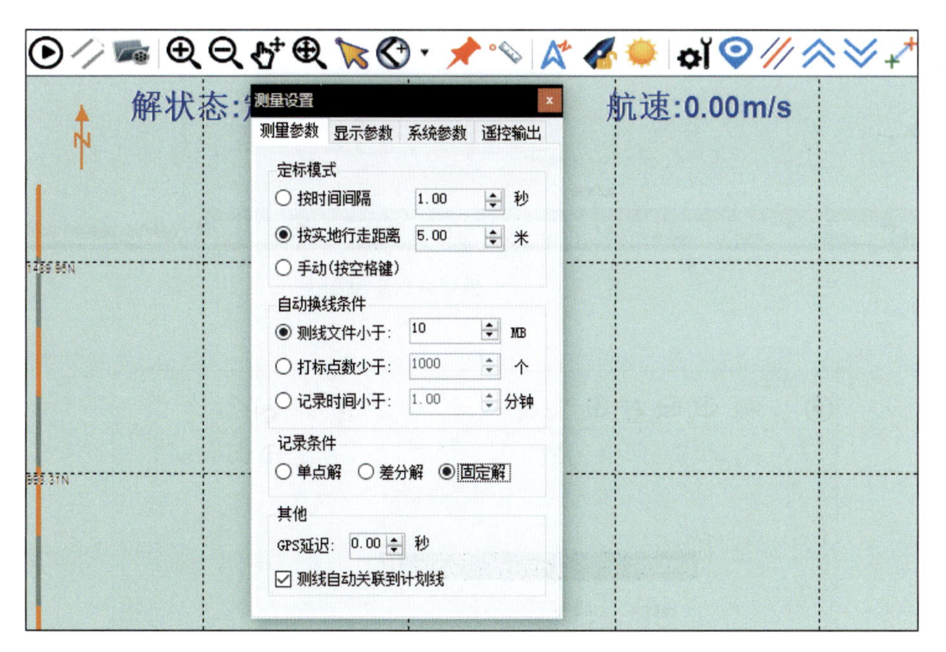

图 1-4-11　测量参数设置示意图

3. 开始测量

(1)放船下水:将船在可下放的位置放入水中,先把船头下放,再放船体。

(2)测深测量开始:点击 Hi-max 软件中的“测深测量”,如图 1-4-12 所示,注意右上角的时间、解状态、水深数据是否正常。右下角的“水深”显示窗口显示水深应该干净无杂波,大多数水域情况下无需设置“自动功率”“自动增益”“自动门槛”,当处于特殊情况下,比如水深较浅时，可手动调节增益以及门槛进行加减。增益越高，回波放大增益越高，门槛越高，滤波强度越大。比如水深 0.60m 时，增益建议设为 25，门槛建议设为 7。以上设置完成后，点击左上角的“开始记录”按钮，如图 1-4-13 所示。之后输入测线名称，则可以开始记录数据。打开船控软件，点击“开始”，船开始跑测计划线，同时数据也在记录，测量开始。

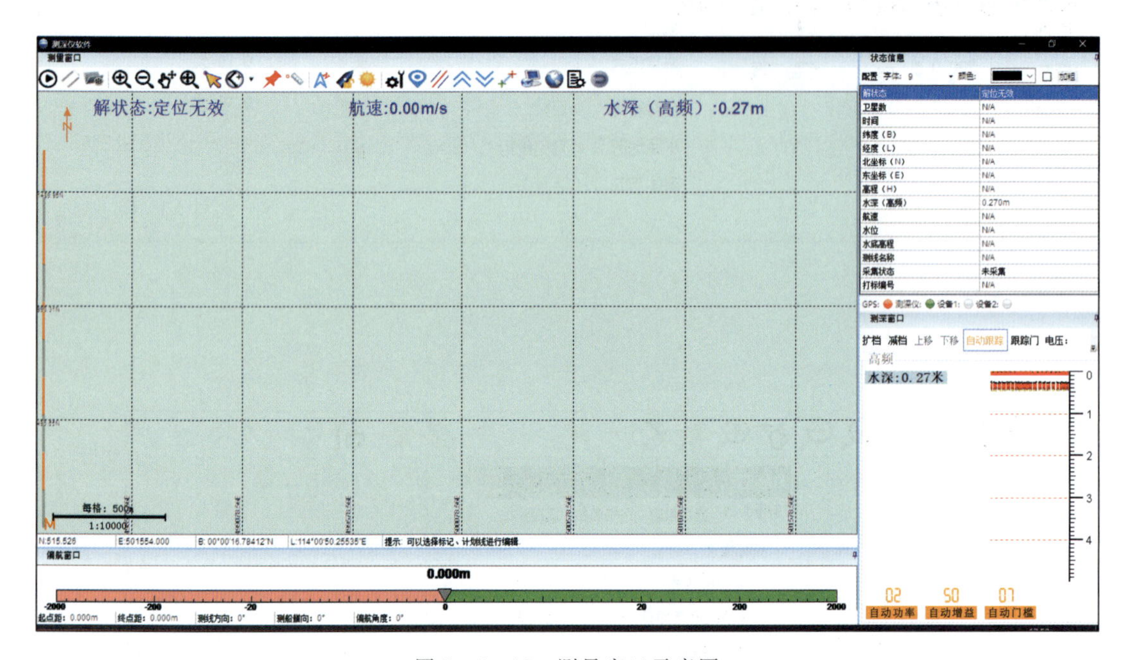

图 1-4-12　测量窗口示意图

图 1-4-13　测线名称设置示意图

4. 测量结束

测量结束后，再次点击“开始记录”按钮，就能停止记录，并将船开到岸边，关掉船的开关，先上船尾，再上船头，最后关掉遥控器。

5. 数据处理

(1)水深取样：点击 Hi-max 软件的“水深取样”，在左下角选中一条测线并打开，如图 1-4-14所示。

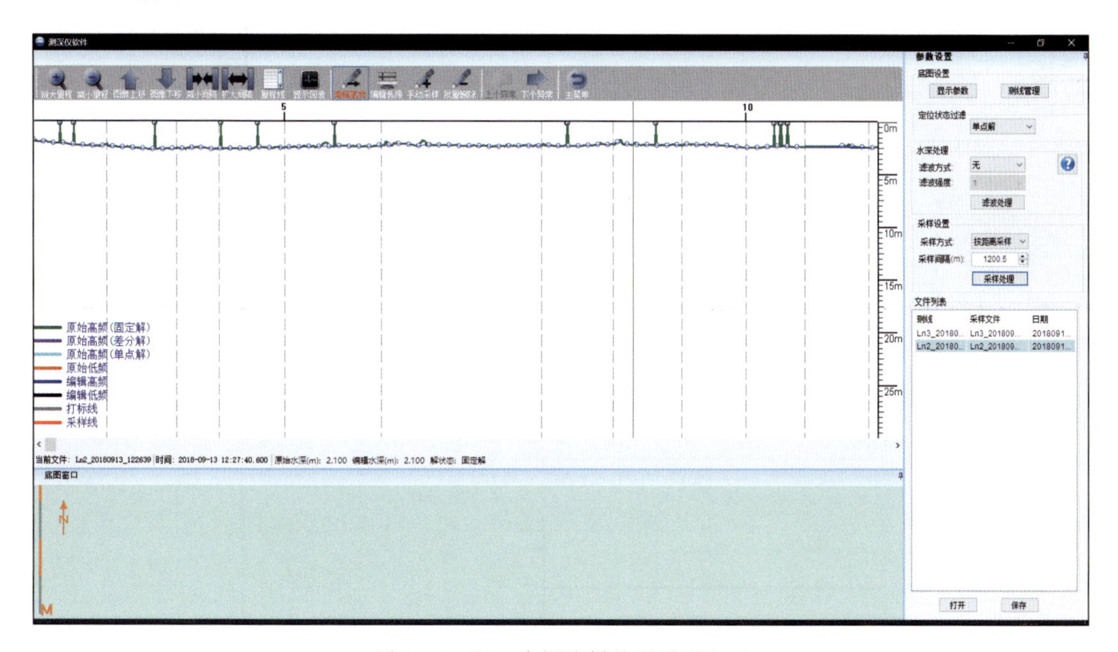

图 1-4-14　水深取样处理界面(一)

图 1-4-15 是没有模拟回波的水深图，要进行水深真假判断，还需点击上方的“显示回波”。红色粗线是模拟回波，蓝色线为数字水深点，两者匹配，才说明水深真实准确。然后进行滤波，右上角选择滤波方式，3 种均可，强度一般选择“3”以下，再点击“滤波处理”。滤波后，大部分假水深已经被处理掉了，然后再拖动窗口下方的进度条，找到蓝线与红线不匹配的地方，不匹配时，用鼠标左键拖动蓝线，直到跟红线匹配即可。

处理完成，按照需要的采样间隔在右侧选择采样间隔，输入距离，点击“采样处理”，即可完成按距离的采样。如果两个采样点之间有特殊点需要提取，点击任务栏上的“手动采样”，即可用鼠标在下方任意点击，进行取点。全部处理完后，点击右下方的“保存”，一条测线就处理完成了。

(2)数据改正：在主界面点击“数据改正”，进入“水面高程改正”界面，打开一条测线，进行滤波处理，与“水深采样”处类似。左侧框中蓝色线是水面高程，因为水面高程变化缓慢，如果是湖泊，水面高程基本不变，如图 1-4-16 所示。蓝色线跳动较大，说明数据不准确，也需要用鼠标将其拉平。处理完成后，点击“保存”，处理完成。

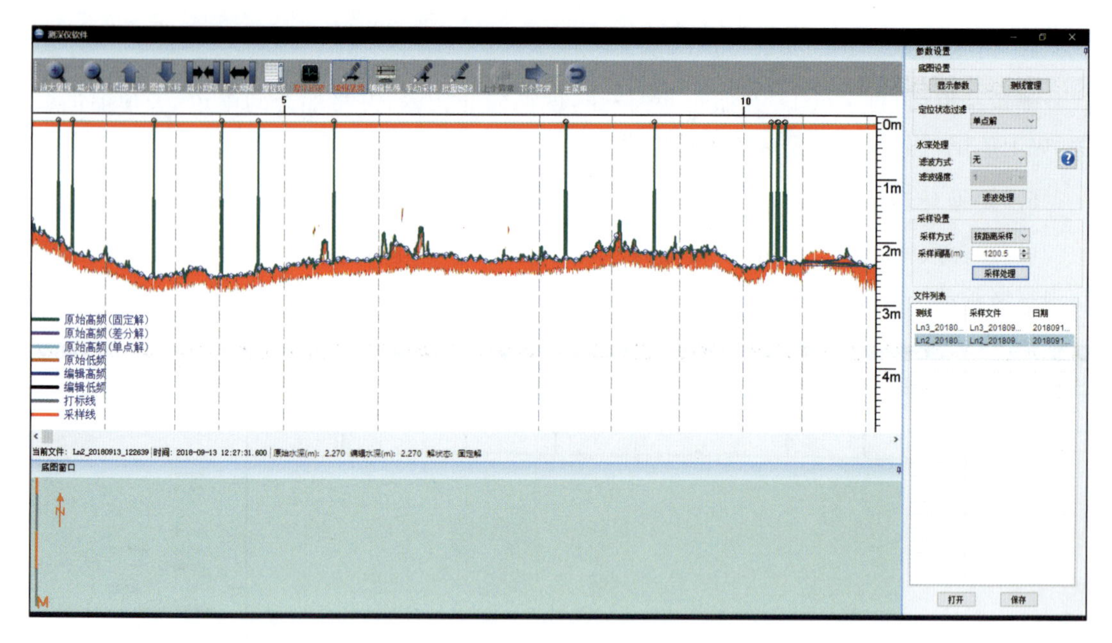

图 1-4-15　水深取样处理界面(二)

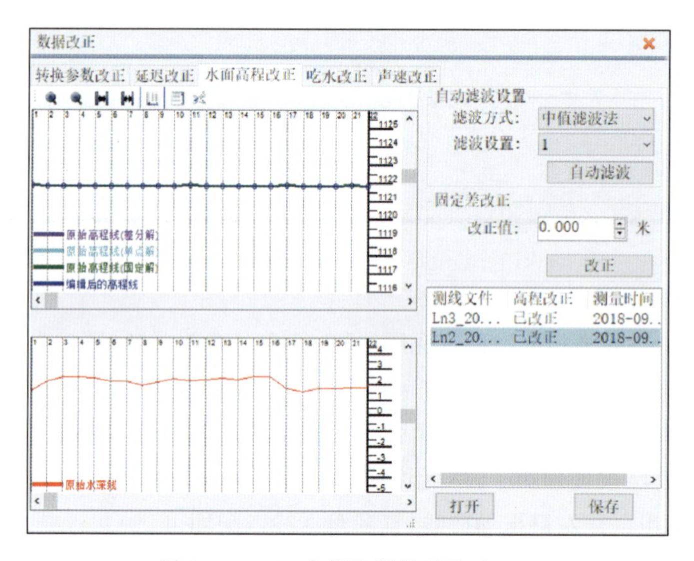

图 1-4-16　水深取样处理界面(三)

(3)成果预览:点击“成果预览”,选中要输出的测线,点击“成果导出”,选择要输出的数据格式,Hi-max软件支持多种数据格式输出。如需自定义时,在左侧栏中选中,点击朝右的箭头,即可选中输出的数据;在右侧栏中选中项目,点击朝左的箭头,则删除。然后选择导出路径,勾选或者不勾选合并文件,确定后,点击“导出”,即可导出数据。或者选择“成果预览”,选择成图的等值线数字以及下方选项,点击生成结果即可生成彩色水下地形图,如图1-4-17所示。

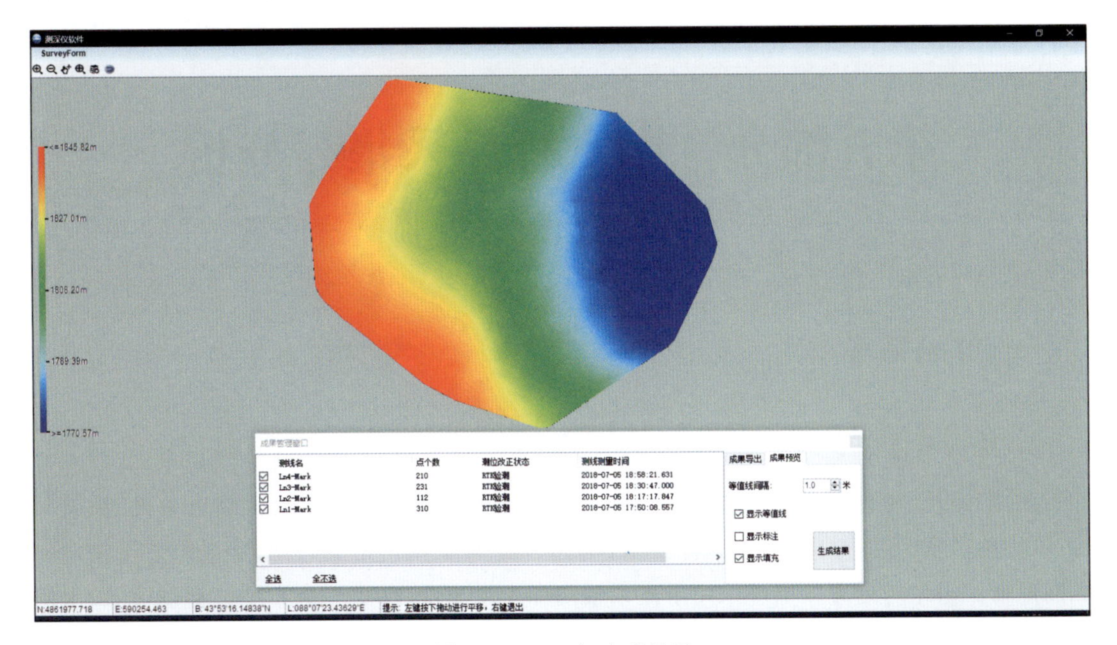

测深仪软件
SurveyForm
<=1845.82m
1827.01m
1808.20m
1789.39m
>=1770.57m
成果管理窗口
测线名
点个数
潮位改正状态
测线测量时间
Ln4-Mark 210 RTK验潮 2018-07-05 18:58:21.631
Ln3-Mark 231 RTK验潮 2018-07-05 18:30:47.000
Ln2-Mark 112 RTK验潮 2018-07-05 18:17:17.847
Ln1-Mark 310 RTK验潮 2018-07-05 17:50:08.557
全选
全不选
成果导出
成果预览
等值线间隔:
1.0
米
显示等值线
显示标注
显示填充
生成结果
N:4861977.718
E:590254.463
B: 43°53'16.14838"N
L:088°07'23.43629"E
提示: 左键按下拖动进行平移，右键退出

图 1-4-17　初步成果图

第五部分　海水样品采集与分析

一、样品采集

1. 站位布设

站位布设应考虑以下因素:调查目的、调查海区的地理位置、地形、水动力条件、物质来源、人力物力资源和采样的可能条件。调查站位一般可采用网格式布站,并选定若干横向和纵向断面。沿岸与近海区也可采用沿流系轴向和穿越流系、水团方向布站。穿越流系、水团断面应与陆岸垂直,或呈近似发散的。在水文或水化学条件变化剧烈的区域,应适当加密站位。每一调查区,应选取若干个有代表性的站位作为定点观测站。在保证获取所需信息的前提下,尽量减少站位数。

2. 调查层次

(1)河口、港湾、近海和洋区调查,一般可分别按表 1-5-1 设置采样层次。

(2)断面观察站应采集全部层次水样,非断面观察站则可根据需要只采集水面至某一深度水样。

(3)对水文、水化学等条件剧烈变化的水层,必要时可加密采样层次。

表 1-5-1　采样层次　　单位:m

水深范围	层次
≤50	表层 0、5、10、20、30、底层
>50	表层 0、10、20、30、50、75、100、150、200、300、400、500、600、800、1000、1200、1500、2000、2500、3000…(3000m 以下每 1000m 加一层)底层

3. 调查时间与次数

调查时间和次数应根据水环境条件和特定调查目的确定。

(1)对水体相对稳定的洋区,一年中应在环境特征典型的季节调查一次。

(2)对受气象、流系季节影响显著的近海和边缘海,一年中至少应在环境特征显著差异的冬、夏两个季节各调查一次;在人力、物力许可时,也可在春、秋两季各增加一次调查。

(3)对沿岸、河口等受气候、水文和物质来源影响的海区，一般情况下应每季度调查一次，且采样时间应充分考虑潮汐影响；若欲获取更详实的资料，则应每月调查一次。

(4)当需要进行周日观测时，一般每 2h 观测一次，一周日共 13 次，至少也应每 3h 观测一次，一周日共 9 次。

4. 调查项目与分析方法

(1)根据海洋调查的具体需要确定调查项目。常规调查要素一般包括 pH 值、溶解氧及其饱和度、总碱度、活性硅酸盐、活性磷酸盐、硝酸盐、亚硝酸盐、铵盐。

(2)海水化学调查项目可按两类选定：一类为基本调查要素，即所有采集样品必须测定的要素，另一类为辅助要素，即仅测定某些航次、站位或层次样品的要素。

(3)营养盐测定可采用营养盐自动分析方法，溶解氧测定可采用溶解氧探头测定法。

二、样品采集与储存

(一)采水器材质的要求

根据各调查要素分析所需水样量和对采水器材质的要求，选择合适容积和材质的采水器并洗净。

(二)分装水样

水样采上船甲板后，先填好水样登记表，并核对瓶号；然后，立即按以下分样顺序分装水样，即溶解氧、pH 值、总碱度与氯化物、五项营养盐、总磷与总氮。

(三)样品分装与储存

1. 溶解氧

1)碘量滴定法

水样瓶为容积约 $120cm^3$(事先测定容积准确至 $0.1cm^3$)的棕色磨口硬质玻璃瓶，瓶塞应为斜平底。

装取方法与储存：将乳胶管的一端接上玻璃管，另一端套在采水器的出水口，放出少量水样洗涤水样瓶两次；然后，将玻璃管插到水样瓶底部，慢慢注入水样，并使玻璃管口始终处于水面下，待水样装满并溢出水样瓶体积的 1/2 时，将玻璃管慢慢抽出，瓶内不可有气泡；每一种水样装取两瓶。立即用自动加液器(管尖紧靠液面下)依次注入 $1.0cm^3$ 氯化锰溶液和 $1.0cm^3$ 碱性碘化钾溶液，应注意此加液管外壁不可沾有碘试剂；加液后立刻塞紧瓶盖并用手压住瓶塞和瓶底，将水样瓶缓慢地上、下翻转 20 次；将水样瓶浸泡于水中，有效保存时间为 24h(对于受有机物严重污染的水样，则应立即滴定)。

2)分光光度法

将乳胶管的一端接上玻璃管,另一端套在采水器的出口,放出少量水样荡洗水样瓶两次;将玻璃管插到水样瓶底部,慢慢注入水样,待水样装满并溢出约为瓶子体积的1/2时,将玻璃管慢慢抽出;立即用自动加液器(注入口埋入液面下)依次注入0.50cm^3 氯化锰溶液和0.5cm^3 碱性碘化钠/叠氮化钠溶液;塞紧瓶塞,将瓶子缓慢上、下颠倒20次,将水样瓶浸泡于水中,有效保存时间为24h。

2. pH值

水样瓶为容积约50cm^3 且具有双层盖的广口聚乙烯瓶。

装取方法与储存:用少量水样洗涤样品瓶两次,慢慢地将瓶子注满水样,立即旋紧瓶盖,存于阴暗处,放置时间不得超过2h。对于不能在2h内测定的水样,应加入一滴氯化汞溶液固定,旋紧瓶盖,混合均匀,有效保存时间为24h。

3. 总碱度与氯化物

水样瓶为容积约250cm^3 具塞、平底硬质玻璃瓶,或200cm^3 具螺旋盖的广口聚乙烯瓶。使用前应用体积分数为1%的盐酸浸泡7d,然后用蒸馏水彻底洗净,晾干。

装取方法与储存:用少量水样洗涤样品瓶两次;然后装取水样约100cm^3(欲测定氯化物则应装取200cm^3 水样),立即盖紧瓶塞,有效保存时间为3d。

4. 五项营养盐

硅酸盐、磷酸盐、硝酸盐、亚硝酸盐和铵盐水样合并装于同一个水样瓶中(铁的靛酚蓝测定法样品单独分装于200cm^3 的具有双层盖的高密度聚乙烯瓶中,无须过滤处理)。

水样瓶为容积约500cm^3 具双层盖的高密度聚乙烯瓶。初次使用前,应用体积分数为1%的盐酸浸泡7d,然后洗涤干净,备用。

滤膜:海水过滤滤膜为孔径0.45μm 的混合纤维素酯微孔滤膜。使用前应用体积分数为1%的盐酸浸泡12h,然后用蒸馏水洗至中性,浸泡于蒸馏水中,备用。每批滤膜经处理后,应对各要素做膜空白试验,确认滤膜符合要求后,空白值应低于各要素的检测下限方可使用。若任一要素的膜空白超过其检测下限时,应更换新批号滤膜。

装取方法与储存:用少量水样荡洗水样瓶两次;然后,装取约500cm^3 水样,立即用处理过的滤膜过滤于另一个500cm^3 水样瓶中;若需保存,应加入占水样体积2‰的三氯甲烷(注意:剧毒,小心操作!),盖好瓶塞,剧烈振摇1min,放在冰箱或冰桶内于4~6℃低温保存,有效保存时间为24h。未经三氯甲烷固定和冷藏的水样,应在采样后2h内测定。

5. 总磷与总氮

取500cm^3 海水水样于聚乙烯瓶中,加入1.0cm^3 体积分数为50%的硫酸溶液,混匀,旋紧瓶盖储存,有效保存时间为一个月。

50%硫酸溶液的配制:在水浴冷却和不断搅拌下,将250cm^3 浓硫酸(H_2SO_4,$\rho=1.84g/cm^3$)缓慢加入250cm^3 蒸馏水中配制。

三、样品测定方法

(一)溶解氧测定(碘量滴定法)

1. 方法原理

当水样加入氯化锰和碱性碘化钾试剂后,生成的氢氧化锰被水中的溶解氧氧化,生成$MnO(OH)_2$褐色沉淀。加硫酸酸化后,沉淀溶解。用硫代硫酸钠标准溶液滴定析出的碘,换算成溶解氧含量。

2. 测定步骤

1)硫代硫酸钠溶液的标定

用移液吸管吸取15.00cm³碘酸钾标准溶液,沿壁注入250cm³碘量瓶中,用少量水冲洗瓶内壁,加入0.6g碘化钾,混匀;再加入1.0cm³硫酸溶液,再混匀,盖好瓶塞,在暗处放置2min;取下瓶塞,沿壁加入110cm³水,放入磁转子,置于电磁搅拌器上,立即开始搅拌,并用硫代硫酸钠溶液进行滴定,待溶液呈淡黄色时加入3～4滴淀粉指示剂,继续滴至溶液蓝色刚消失。

重复标定至两次滴定管读数相差不超过0.03cm³为止。将滴定管读数记入溶解氧测定记录表中,每隔24h标定一次。

2)水样测定

水样固定后,待沉淀物沉降聚集至瓶的下部,便可进行滴定。

将水样瓶上层清液倒出一部分于250cm³锥形瓶中;立即向沉淀中加入1.0cm³硫酸溶液,塞紧瓶塞,振荡水样瓶至沉淀全部溶解。

将水样瓶内溶液沿壁倾倒入250cm³锥形瓶中,将其置于电磁搅拌器上,立即搅拌,并滴定,待试液呈淡黄色时,加入3～4滴淀粉指示剂,继续滴定至呈淡蓝色。用锥形瓶中的少量试液荡洗原水样瓶,再将其倒回锥形瓶中,继续滴定至无色;待20s后,如试液不呈淡蓝色,即为终点;将滴定所消耗的硫代硫酸钠溶液体积记录于溶解氧测定记录表中。

3. 计算

海水中溶解氧浓度计算公式如下:

$$c(\mathrm{O})=\frac{c\times V}{(V_1-V_2)\times 2}$$

式中,$c(\mathrm{O})$为海水中溶解氧浓度,$\mathrm{mmol/m^3}$;V为滴定样品时消耗的硫代硫酸钠溶液体积,$\mathrm{cm^3}$;c为硫代硫酸钠溶液标定浓度,$\mathrm{mmol/m^3}$;V_1-V_2为实际水样的体积,$\mathrm{cm^3}$;V_1为水样瓶的容积,$\mathrm{cm^3}$;V_2为固定水样的固定剂体积,$\mathrm{cm^3}$。

（二）pH 值测定（pH 计测定法）

1. 测定方法

1）pH 计校准

在室温下用混合磷酸盐标准缓冲溶液和四硼酸钠标准缓冲溶液校准 pH 计。将 pH 计上温度补偿器刻度调至与溶液温度一致（若 pH 计有自动温度补偿，此步骤可省略）。按 pH 计说明书操作步骤分别用上述两种标准缓冲溶液的液温对应的标准 pH 值反复对 pH 计进行校准，至电极电位平衡稳定。每次更换标准缓冲溶液时，应用蒸馏水冲洗电极，然后用滤纸吸干。

2）水样测定

pH 计校准后将电极对提起，移开标准缓冲溶液，用蒸馏水淋洗电极，然后用滤纸将水吸干；将电极对浸入待测水样中，使电极电位充分平衡，待仪器读数稳定后，记下水样温度和 pH 值读数，填入 pH 值测定记录表中。

2. 计算

将测得 pH 值按下式进行温度校准和压力校正，求得现场 pH 值。

$$pH_w = pH_m + \alpha(t_m - t_w) - \beta d$$

式中，pH_w，pH_m 分别为现场和测定时的 pH 值；t_w，t_m 分别为现场和测定时的水温，℃；d 为水样深度，m；α，β 分别为温度和压力校正系数，$\alpha(t_w - t_m)$ 和 βd 分别查表可得。

如果水样深度在 500m 以内，不必进行压力校正，上述公式可简化为下式：

$$pH_w = pH_m + \alpha(t_m - t_w)$$

按 pH 值测定记录表的要求，将数据逐项计算并填写。

（三）总碱度测定（pH 值法）

1. 方法原理

向水样中加入过量已知浓度盐酸溶液以中和水样中的碱，然后用 pH 计测定此混合溶液的 pH 值；由测得值计算混合溶液中剩余的酸度，再从加入的酸总量中减去剩余的酸量，即得到水样中碱的量，根据公式计算水样总碱度。

2. 测定步骤

pH 计定位：用邻苯二甲酸氢钾标准缓冲溶液进行定位。

移取 25.00cm^3 水样于 50cm^3 具塞聚乙烯广口瓶中（取双份平行样测定），加入 10.00cm^3 经标定的盐酸溶液，加盖旋紧，充分摇匀。

测定酸化水样的 pH 值时，测定值应在 3.40～3.90 范围内。pH 值大于 3.90 时，应取出电极对，另外加入 1.00cm^3 盐酸溶液重新测定 pH 值；如 pH 值小于 3.40，则应另加入 5.0cm^3 水样重新测定 pH 值。将加入的盐酸溶液或水样的体积记录于总碱度测定记录表中。

3. 计算

按总碱度测定记录表的要求将数据逐项填写并用下式计算总碱度。

$$A=\frac{V_{HCl}\times c(HCl)}{V_w}\times 1000-\frac{\alpha_{H^+}\times(V_w+V_{HCl})}{V_w\times f_{H^+}}\times 1000$$

式中,A 为水样总碱度,mol/m^3;$c(HCl)$为盐酸溶液标定浓度,mol/m^3;V_w 为水样体积,cm^3;V_{HCl}为盐酸溶液体积,cm^3;α_{H^+} 为与测定溶液 pH 值对应的氢离子活度;f_{H^+} 为与测定溶液 pH 值和实际盐度对应的氢离子活度系数。

(四)活性硅酸盐测定(硅钼蓝法)

1. 方法原理

水样中的活性硅酸盐在弱酸性条件下与钼酸铵生成黄色的硅钼黄络合物后,用对甲替氨基酚硫酸盐(米吐尔)-亚硫酸钠将硅钼黄络合物还原为硅钼蓝络合物,于 812nm 波长处进行分光光度测定。

2. 测定步骤

1)标准工作曲线绘制($0\sim25.00mmol/m^3$)

(1)取 6 个 $100cm^3$ 容量瓶,分别移入硅酸盐标准使用溶液 0、1.00、2.00、3.00、4.00、$5.00cm^3$,用与水样盐度接近的人工海水(盐度 28‰或 35‰)稀释至标线,混匀,即得硅酸盐浓度依次为 0、5.00、10.00、15.00、20.00、$25.00mmol/m^3$ 的标准系列。

(2)在两组各 6 个 $50cm^3$ 反应瓶中,各加 $10.0cm^3$ 酸性钼酸铵溶液;分别依次移入 $25.0cm^3$ 上述硅酸盐标准溶液系列中,立即混匀;放置 10min(但不得超过 30min)后,各加入 $15cm^3$ 混合还原剂,混匀。

(3)30~40min 后,在分光光度计上,用 2cm 比色管,以无硅离子水为参比溶液,于 812nm 波长处测定吸光值 A_s。

(4)将测定数据记录于标准曲线数据表中。以扣除空白吸光值后的吸光值为纵坐标,相应的活性硅酸盐-硅浓度(c)为横坐标绘制标准工作曲线,用线性回归法求得标准工作曲线的截距(a)和斜率(b)。

2)水样测定

加入 $10.0cm^3$ 酸性钼酸铵溶液于 $50cm^3$ 反应瓶中,然后移入 $25.0cm^3$ 水样(每份水样取双样测定),立即混匀,以下按照上述“1)标准工作曲线绘制”中的(1)和(2)步骤测定水样吸光值 A_w,将测定数据记录于活性硅酸盐测定记录表中。

3. 计算

按下式计算水样中活性硅酸盐-硅的浓度:

$$c(SiO_3^{2-}-Si)=\frac{(\overline{A}_w-A_b)-a}{b}$$

式中，$c(SiO_3^{2-}-Si)$为水样中活性硅酸盐-硅的浓度，mmol/m³；$\overline{A}_w$ 为水样测得的平均吸光值；A_b 为空白吸光值；a 为标准工作曲线截距；b 为标准工作曲线斜率。

（五）活性磷酸盐测定（抗坏血酸还原磷钼蓝法）

1. 方法原理

在酸性介质中，活性磷酸盐与钼酸铵反应生成磷钼黄络合物，在酒石酸氧锑钾存在下，磷钼黄络合物被抗坏血酸还原为磷钼蓝络合物，于 882nm 波长处进行分光光度测定。

2. 测定步骤

1)标准工作曲线绘制（0～4.80mmol/m³）

(1)取 6 个 100cm³ 容量瓶，分别移入磷酸盐标准使用溶液 0、0.50、1.00、2.00、4.00、6.00cm³，用水稀释至标线，混匀，即得磷酸盐的浓度依次为 0、0.40、0.80、1.60、3.20、4.80mmol/m³ 的标准溶液系列。

(2)取两组各 6 个 50cm³ 反应瓶，分别依次移入 25.0cm³ 上述磷酸盐标准溶液系列；各加入 2.0cm³ 硫酸-钼酸铵-酒石酸氧锑钾混合溶液和 0.5cm³ 抗坏血酸溶液，混匀。

(3)显色 10min 后，在分光光度计上用 10cm 比色管，以蒸馏水作为参比溶液，于 882nm 波长处测量吸光值 A_s，其中空白吸光值为 A_b。

(4)将测得的数据记录于标准工作曲线记录表中。以扣除空白吸光值后的吸光值为纵坐标，相应的活性磷酸盐-磷浓度(c)为横坐标，绘制标准工作曲线，用线性回归法求得标准工作曲线截距(a)和斜率(b)。

2)水样测定

量取 25.0cm³ 水样置于 50cm³ 反应瓶中（每份水样取双样测定），以下按上述“1)标准工作曲线绘制”中的(2)和(3)步骤测定水样吸光值 A_w，将测得的数据记录于活性磷酸盐测定记录表中。

3. 计算

按下式计算水样中活性磷酸盐-磷的浓度：

$$c(PO_4^{3-}-P)=\frac{(\overline{A}_w-A_b)-a}{b}$$

式中，$c(PO_4^{3-}-P)$为水样中活性磷酸盐-磷的浓度，mmol/m³；$\overline{A}_w$ 为水样测得的平均吸光值；A_b 为空白吸光值；a 为标准工作曲线截距；b 为标准工作曲线斜率。

（六）亚硝酸盐测定（重氮-偶氮法）

1. 方法原理

在酸性(pH=2)条件下，水样中的亚硝酸盐与对氨基苯磺酰胺进行重氮化反应，反应产物与 1-萘替乙二胺二盐酸盐作用，生成深红色偶氮染料，于 543nm 波长处进行分光光度测定。

2. 测定步骤

1)标准工作曲线绘制(0～4.00mmol/m^3)

(1)在两组各6个100cm^3容量瓶中依次分别加入亚硝酸盐标准使用溶液0、0.50、1.00、2.00、4.00、8.00cm^3，用水稀释至标线，混匀。此标准溶液系列的亚硝酸盐-氮的浓度依次为0、0.25、0.50、1.00、2.00、4.00mmol/m^3。

(2)分别量取25.0cm^3上述系列标准溶液，依次放入两组各6个50cm^3反应瓶中；各加入0.5cm^3对氨基苯磺酰胺溶液后混匀，放置5min；然后加入0.5cm^3 1-萘替乙二胺二盐酸盐溶液，混匀，放置15min。

(3)在分光光度计上，用5cm比色管以蒸馏水为参比溶液，于543nm波长处测量吸光值A_s，其中空白吸光值为A_b。吸光值测定应在4h内完成。测定数据记录于标准曲线数据记录表中。

(4)以扣除空白吸光值后的吸光值为纵坐标，相应的亚硝酸盐-氮浓度(c)为横坐标，绘制标准工作曲线，用线性回归法求得标准工作曲线的截距(a)和斜率(b)。

2)水样测定

量取25.0cm^3水样置于50cm^3反应瓶中(取双样)，以下按上述“1)标准工作曲线绘制”中的(2)和(3)步骤测定水样吸光值A_w，将测定数据记录于亚硝酸盐测定记录中。

3. 计算

按下式计算水样中亚硝酸盐-氮的浓度：

$$c(NO_2^- - N) = \frac{(\overline{A}_w - A_b) - a}{b}$$

式中，$c(NO_2^- - N)$为水样中亚硝酸盐-氮的浓度，mmol/m^3；$\overline{A}_w$为水样测得的平均吸光值；A_b为空白吸光值；a为标准工作曲线截距；b为标准工作曲线斜率。

(七)硝酸盐测定(锌镉还原法)

1. 方法原理

用镀镉的锌片将水样中的硝酸盐定量地还原为亚硝酸盐，水样中的总亚硝酸盐再用重氮-偶氮法测定，然后对原有的亚硝酸盐进行校正，计算硝酸盐含量。

2. 测定方法

1)标准曲线绘制

(1)在两组各6个25cm^3容量瓶中，分别依次移入硝酸盐标准使用溶液0、0.50、1.00、1.50、2.50、4.00cm^3，用盐度为35%的人工海水稀释至标线，混匀。此标准溶液系列硝酸盐-氮浓度依次为0、2.00、4.00、6.00、10.00、16.00mmol/m^3。

(2)将上述标准溶液系列分别全量转移到一组干燥的30cm^3具塞广口瓶中，向每个瓶中放入一个锌卷，加入 0.50cm^3 氯化镉溶液，迅速放在振荡器上振荡 10min。振荡后迅速将瓶中的锌卷取出。

(3)加入 0.50cm^3 对氨基苯磺酰胺溶液，混匀，放置 5min；再加入 0.50cm^3 的 1-萘替乙二胺二盐酸盐溶液，混匀，放置 15min，颜色可稳定 4h。

(4)颜色稳定后，在分光光度计上，用 2cm 比色管以水为参比溶液，于 543nm 波长处测定吸光值 A_s，其中空白吸光值为 A_b。测定结果记录于标准工作曲线记录表中。

(5)以扣除空白吸光值后的吸光值为纵坐标，硝酸盐-氮的浓度(c)为横坐标绘制标准工作曲线，并用线性回归法求出标准工作曲线的截距(a)和斜率(b)。

2)水样测定

量取 25.0cm^3 水样(双样)置于 30cm^3 干燥的具塞广口瓶中，以下按上述“1)标准曲线绘制”中的(1)～(4)步骤测定水样的吸光值 A_w，并记录于硝酸盐测定记录表中。

如果水样盐度低于 25%，测定时每份水样应加入 0.5g 优级纯氯化钠。

将海水样品中原有亚硝酸盐在“亚硝酸盐测定”测得的净平均吸光值 $\overline{A}_{NO_2^- -N}$，以及“硝酸盐测定”与“亚硝酸盐测定”的比色管长度的比值 X，记录于硝酸盐测定记录表中。

3. 计算

水样中硝酸盐-氮浓度按下式计算：

$$c(NO_3^- - N) = \frac{(\overline{A}_w - A_b) - X \cdot \overline{A}_{NO_2^- -N} - a}{b}$$

式中，$c(NO_3^- - N)$为水样中硝酸盐-氮浓度，mmol/m^3；$\overline{A}_w$ 为水样测得的平均吸光值；A_b为空白吸光值；$\overline{A}_{NO_2^- -N}$为该水样在“亚硝酸盐测定”时测得的平均吸光值(已扣除空白吸光值)；X 为“硝酸盐测定”和“亚硝酸测定”所用比色池的长度比；a 为标准工作曲线截距；b 为标准工作曲线斜率。

(八)铵盐测定(次溴酸钠氧化法)

1. 方法原理

在碱性条件下，次溴酸钠将海水中的氨氮定量氧化为亚硝酸盐，用重氮-偶氮法测定生成亚硝酸盐和水样中原有的亚硝酸盐；然后，对水样中原有的亚硝酸盐进行校正，计算氨氮的浓度。

2. 测定步骤

1)标准工作曲线绘制(0～8.00mmol/m^3)

(1)在两组各 6 个 50cm^3 容量瓶中分别移入铵盐标准使用溶液 0、0.50、1.00、2.50、5.00、8.00cm^3，用无氨水稀释至标线，混匀。此标准溶液系列铵盐浓度依次为 0、0.50、1.00、2.50、5.00、8.00mmol/m^3。将标准溶液系列分别移取 25.0cm^3 到 50cm^3 反应瓶中，加入 2.5cm^3 次氯酸钠氧化剂溶液，混匀，放置 30min。

(2)加入 2.5cm^3 对氨基苯磺酰胺溶液，混匀，放置 5min；然后加入 0.5cm^3 的 1-萘替乙二胺二盐酸盐溶液，充分混匀，放置15min，颜色可稳定4h。

(3)颜色稳定后，在分光光度计上，用5cm比色管以无氨蒸馏水为参比溶液，于543nm波长处测定吸光值A_s，其中空白吸光值为A_b。记录于标准工作曲线数据记录表中。

(4)以扣除空白吸光值后的吸光值为纵坐标，氨氮浓度(c)为横坐标绘制标准工作曲线，并用线性回归法求出标准工作曲线的截距(a)和斜率(b)。

2)水样测定

量取25.0cm³水样(双样)置于50cm³反应瓶中，以下按照上述“1)标准工作曲线绘制”中的(2)～(4)步骤测定水样的吸光值A_w，将测定数据记录于铵盐测定记录表中。

将该水样在“亚硝酸盐测定”时，亚硝酸盐扣除试剂空白后的吸光值$\overline{A}_{NO_2^- -N}$，填入铵盐测定记录表中。

3. 计算

水样中氨氮浓度按下式计算：

$$c(NH_4^+ - N) = \frac{(\overline{A}_w - A_b) - k \cdot \overline{A}_{NO_2^- -N} - a}{b}$$

式中，$c(NH_4{}^+ - N)$为水样中氨氮的浓度，μmol/m³；$\overline{A}_w$为水样测得的平均吸光值；A_b为空白吸光值；$\overline{A}_{NO_2^- -N}$为该水样在“亚硝酸盐测定”时测得的平均吸光值(已扣除空白吸光值)；k为“亚硝酸盐测定”和“铵盐测定”的试液体积(水样体积与试剂体积之和)比值；a为标准工作曲线截距；b为标准工作曲线斜率。

(九)总磷测定(过硫酸钾氧化法)

1. 方法原理

海水样品在酸性和110～120℃的条件下，用过硫酸钾氧化，有机磷化合物被转化为无机磷酸盐，无机聚合态磷水解为正磷酸盐。消化过程产生的游离氯以抗坏血酸还原。消化后水样中的正磷酸盐与钼酸铵形成磷钼黄络合物。在酒石酸氧锑钾存在下，磷钼黄络合物被抗坏血酸还原为磷钼蓝络合物，于882nm波长处进行分光光度测定。

2. 测定步骤

1)标准工作曲线绘制(0～6.40mmol/m³)

(1)在6个100cm³容量瓶中，分别移入磷酸盐标准使用溶液0、0.05、1.00、2.00、4.00、8.00cm³，用水稀释至标线，混匀。此标准溶液系列的浓度依次为0、0.40、0.80、1.60、3.20、6.40mmol/m³。

(2)在两组各6个消煮瓶中分别依次移入25.0cm³上述磷酸盐标准溶液系列，各加入2.5cm³过硫酸钾溶液后混匀，旋紧瓶盖。

(3)把上述消煮瓶置于不锈钢丝筐中，放入高压蒸汽消煮器中加热消煮，待压力升至1.1kPa(温度为120℃)时，控制压力在1.1～1.4kPa(温度为120～124℃)保持30min；然后，停止加热，自然冷却至压力为零时，方可打开锅盖，取出消煮瓶。

(4)消煮后的水样冷却至室温后，加入0.50cm^3抗坏血酸溶液，摇匀，加入2.0cm^3硫酸-钼酸铵-酒石酸氧锑钾混合溶液和0.50cm^3抗坏血酸溶液，混匀；显色10min后，在分光光度计上用5cm比色管以水为参比溶液，于882nm波长处测定溶液的吸光值A_s，其中空白吸光值为A_b，记录于标准工作曲线数据记录表中。

(5)以扣除空白吸光值后的吸光值为纵坐标，标准溶液系列的总磷浓度(c)为横坐标，绘制标准工作曲线，并用线性回归法求出标准工作曲线的截距(a)和斜率(b)。

2)水样测定

量取25.0cm^3海水水样(双样)置于消煮瓶中，加入2.5cm^3过硫酸钾溶液，混匀，旋紧瓶盖。

以下按上述“1)标准工作曲线绘制”中的(3)和(4)步骤测定水样吸光值A_w，并将数据记录于总磷测定记录表中。

3. 计算

水样中总磷浓度可按下式计算：

$$c(TP-P)=\frac{(\overline{V}_w-V_t-V_b)-a}{b}$$

式中，$c(TP-P)$为水样中总磷的浓度，$mmol/m^3$；$\overline{V}_w$为水样中总磷的平均吸光值；A_t为水样中浊度的吸光值，如果无需浊度校正，该项为0；A_b为空白吸光值；a为标准工作曲线截距；b为标准工作曲线斜率。

(十)总氮测定(过硫酸钾氧化法)

1. 方法原理

海水样品在碱性和110～120℃的条件下，用过硫酸钾氧化，有机氮化合物被转化为硝酸氮。同时，水中的亚硝酸氮、铵态氮也被定量地氧化为硝酸氮。硝酸氮经还原为亚硝酸盐后与对氨基苯磺酰胺进行重氮化反应，反应产物再与1-萘替乙二胺二盐酸盐作用，生成深红色偶氮染料，于543nm波长处进行分光光度测定。

2. 测定步骤

1)标准工作曲线绘制(0～32.00$mmol/m^3$)

(1)在两组各6个25cm^3容量瓶中，分别移入0、1.00、2.00、4.00、6.00、8.00cm^3硝酸盐标准使用溶液，用氯化钠溶液稀释至标线，混匀。此标准溶液系列的硝酸盐氮浓度依次为0、4.00、8.00、16.00、24.00、32.00$mmol/m^3$。

(2)将上述标准溶液系列分别全量转移到消煮瓶中，每个容量瓶用10cm^3氯化钠溶液分两次洗涤，洗涤液一并转入对应的消煮瓶中。

(3)各加入4.0cm^3过硫酸钾溶液，旋紧瓶盖。

(4)把装上水样的消煮瓶置于不锈钢丝筐中，放入高压蒸汽消煮器中加热消煮，待压力升至1.1kPa(温度120℃)时,控制压力在1.1～1.4kPa(温度120～124℃)并保持30min;然后放置使之自然冷却,待压力降至“0”后方可打开锅盖,取出样品。

(5)样品冷却后,加入0.5cm^3盐酸溶液,振摇使沉淀物溶解。

(6)水样转移到100cm^3容量瓶中,用氯化钠溶液洗涤消煮瓶3次,洗涤液一并转入容量瓶中,加入2.0cm^3四硼酸钠溶液,用氯化钠溶液稀释至标线,混匀。

(7)量取25.0cm^3经消煮定容后的样品置于50cm^3具塞广口瓶中,放入一个锌卷,加入0.50cm^3氯化钠溶液,迅速放在振荡器上,振荡10min,振荡后迅速取出瓶中的锌卷。

(8)加入0.50cm^3对氨基苯磺酰胺溶液,混匀,放置5min,再加入0.50cm^3的1-萘替乙二胺二盐酸盐溶液,混匀,放置15min。颜色可稳定8h。

(9)颜色稳定后,在分光光度计上,用2cm比色管,以水作为参比溶液,于543nm波长处测定溶液的吸光值A_s,其中空白吸光值为A_b,记录于标准工作曲线数据记录表中。

(10)以扣除空白吸光后的吸光值为纵坐标,标准溶液系列的总氮浓度(c)为横坐标,绘制标准工作曲线,并用线性回归法求出标准工作曲线的截距(a)和斜率(b)。

2)水样测定

量取25.0cm^3水样置于消煮瓶中,加入10cm^3氯化钠溶液,再加4.0cm^3过硫酸钾溶液,旋紧瓶盖。以下按照上述“1)标准工作曲线绘制”中的(4)～(6)步骤进行消煮、调节酸度和定容。

量取25.0cm^3经消煮定容后的样品置于50cm^3具塞广口瓶中,以下按照上述“1)标准工作曲线绘制”中的(7)～(9)步骤测定水样的吸光值A_w,记录于总氮测定记录表中。

3. 计算

水样中总氮浓度可按下式计算:

$$c(\mathrm{TN-N})=\frac{(A_w-A_t-A_b)-a}{b}$$

式中,$c(\mathrm{TN-N})$为水样中总氮的浓度,$mmol/m^3$;A_w为水样中总氮的平均吸光值;A_t为水样中浊度的吸光值,如果无需浊度校正,该项为0;A_b为空白吸光值;a为标准工作曲线截距;b为标准工作曲线斜率。

第二分册

海上样品室内测试

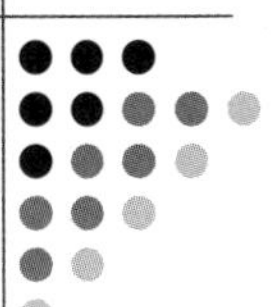

第一部分　释光断代定年

一、仪器介绍

释光测年所用到的仪器为丹麦 Risø 国家实验室生产的 TL/OSL－DA－20C/D 型释光测年系统。该套设备主要包括：①样品盘，共有 48 个测片放置位；②激发光源系统，10mW 稳定 DPSS 光源发射波长 430nm 的蓝光和 620nm 的红光；③光子计数系统，增益为5×10^{7}，频率范围为 0～10MHz，鉴别阀范围为 0.1～1.1V；④真空系统，最大真空为 $20\mu m$ 汞柱；⑤加热控温系统，温度呈连续正弦波形变化，最高温度为 700℃；⑥氮气系统，提供测试保护气体以及控制气阀等机械开关。设备所有功能都通过自动化操作软件进行控制。

释光定年系统主要用于第四纪沉积物绝对年代的测定。所涉及的应用领域包括生态环境、石油化工、地质矿产、海洋和考古等。测试过程中以长石或石英作为主要目标矿物，或者其他具有晶格缺陷的晶体颗粒。根据其中积累的自然界辐射剂量以及埋藏环境中每年的单位辐射剂量计算绝对年代。

释光现象是指从矿物中由热或光激发出来的电子产生荧光的现象。这些释光信号是由于接受电离辐射（α、β、γ 射线）而产生的。辐射在矿物晶格中产生电离出来的自由电子，其中大多数电子瞬间就重新结合，只有很少的电离电子被晶格中的缺陷所俘获。缺陷中的电子的禁带能取决于缺陷周围的环境，寿命从几秒到几百万年。可利用热或光激发来解禁缺陷中的被俘获的电子，其中一些电子和释光中心结合产生释光现象。在释光信号和所遭受到的核电离辐射之间存在着比例关系，这种比例关系取决于空穴的数量和储存的温度。遭受到大剂量的核电离辐射，缺陷就被电离产生的电子全部占据而达到饱和。释光的颜色取决于释光中心的类型，有时可利用释光信号的波长来区分矿物。对于石英和长石等矿物，释光波长分布从紫外区（～300nm）到红光区（～700nm）。

利用特定光源激发晶格缺陷中的电子产生释光现象的过程称之为光释光。不同矿物的晶格缺陷对不同波长的激发光的反应是不同的。例如长石晶格缺陷中的电子可以由蓝光（～430nm）或者红光（～620nm）激发产生释光现象；石英晶格缺陷中的电子只能由蓝光或绿光（～514nm）激发产生释光现象，无法由红光激发。

二、释光测年原理

利用晶体矿物进行释光测年需要满足以下几个条件。

(1)在沉积埋藏时矿物的释光信号归零，即埋藏前经历高温或者足够长时间的曝光。

(2)矿物的释光信号在埋藏过程中不衰减。

(3)矿物被埋藏后所处的地质环境稳定，没有经过二次曝光。

(4)矿物所处的环境具有稳定的辐射场，环境剂量为常量。

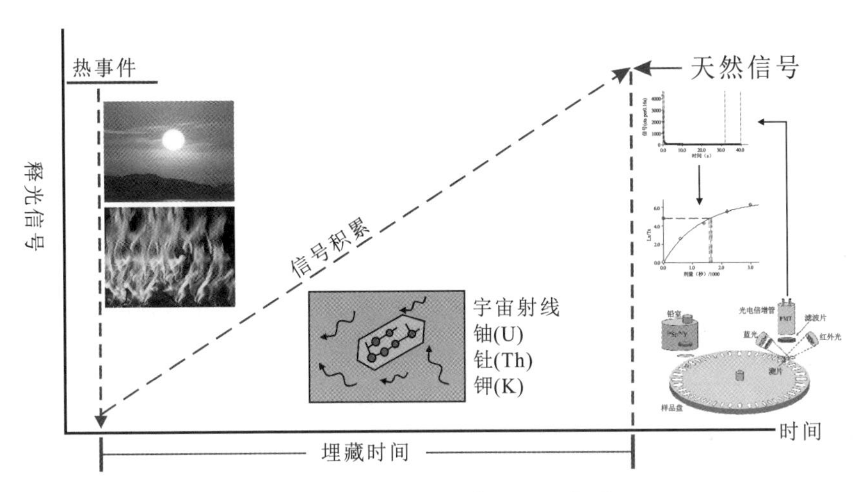

图 2-1-1　释光测年原理示意图

如图 2-1-1 所示，释光年代就是晶体矿物在末次曝光后的埋藏时间，可以用公式表示为：

释光年龄(Age)＝等效剂量(De)/环境剂量率(D)

等效剂量相当于测年矿物晶格中天然释光信号所对应的电离辐射剂量，可在实验室由释光测年系统测得。通常由于一些复杂的因素，如小剂量和大剂量的非线性问题，细颗粒样品中 α 的有效系数、感量的变化等，准确地确定等效剂量是非常困难的。从方法学来说，获得等效剂量有两种方法，即多片技术和单片技术。

单片技术相对于多片技术的优点有以下几点：不需归一化就可获得高精度的 De 值；可研究同一样品的 De 值分布情况；单片技术求 De 值是利用内插法，无需拟合函数。目前最为通用的测试等效剂量的方法为单片再生剂量法(SAR 法)。SAR 法是指可在同一样片上对样品进行人工辐照和天然辐照间的对比，从而获得等效剂量 De 值。它的简单过程为：在预加热后测量天然的光释光(OSL)信号，直到天然的 OSL 信号为零；然后，在同一样片上重复辐照、预加热和测量人工 OSL 信号，这样就可以获得生长曲线求得 De 值。它的实际测试过程见表 2-1-1。

表 2-1-1 单片再生计量法测量等效剂量程序

过程	处理	结果
1	给定剂量 D_i	
2	预热 160～300℃10 秒	
3	在 125℃激发 100 秒	Li
4	给定测试剂量 D_t	
5	加热至 160℃	
6	在 125℃激发 100 秒	Ti
7	返回到步骤 1	

注：D_i 为再生剂量；D_t 为实验剂量。

其中，环境剂量公式如下：

$$D=\alpha D_\alpha+D_\beta+D_\gamma+D_C$$

式中，α 为 α 辐射的有效系数，依赖于样品和缺陷中心的数量；D_α，D_β，D_γ 分别为辐射 α、β、γ 的剂量值；D_C 为宇宙射线剂量。因此，一般通过测量 U、Th、K 的元素含量以及宇宙射线提供的少量辐射剂量计算环境剂量。正常情况下，自然界 U、Th、K 元素在沉积物中的含量是保持不变的，但是在含水率较高的环境中，例如深海沉积物中 U 元素衰变成 Th 元素，而 Th 元素会在浓度不饱和的水中缓慢溶解，这就导致 U 元素向 Th 元素衰变的平衡被打破了。特别是在水体中存在物质交换的情况下，会加速 U 元素向 Th 元素的衰变，这就导致了环境剂量率发生改变。深海沉积物释光测年研究中另一个常见的问题是沉积物中石英颗粒晒褪不好的情况，由于石英颗粒在埋藏前其中光敏缺陷中的释光信号经常没有完全归零，并在埋藏后继续接受周围的辐射信号，这就导致最后对释光年代存在不同程度的高估。

由于受矿物晶体中晶格缺陷数量以及不同矿物晶格缺陷性质的影响，释光测年技术主要用于测定第四纪晚期沉积物的绝对年代。例如石英的测年范围在几十年到十几万年，个别地区的测年上限可以达到约 30 万年，而长石的测年上限可以达到约 100 万年。所以，释光测年技术在第四纪地质、古环境变化以及古气候的研究中发挥了重要作用。

三、实习内容

（一）实习目的与意义

在释光断代定年实习的过程中需要了解年代学在第四纪研究中的重要意义，熟悉释光断代定年原理及其在各种领域的应用，着重深入了解海洋沉积物释光测年的研究现状，熟悉释光断代定年样品的前处理流程，掌握释光测年系统软件控制程序的操作，并在教师指导下完成样品释光性质的检测以及等效剂量的测试，并掌握释光年代计算技术。

释光技术在深海沉积物中的应用，最早可追溯到1985年Huntley等对太平洋北部的深海沉积物样品进行热释光信号检测，他们检测后发现深海沉积物的热释光信号随地层埋藏深度存在一定的变化规律，因此推测热释光信号随着深度的增加而减小，与海洋中硅质物随深度变化规律有关。而利用海洋沉积物进行释光测年并取得高精度的绝对年代直到近几年才有突破性的进展。释光技术弥补了^{14}C测年上限不足的问题，以及在缺乏碳源的区域无法用^{14}C进行测年的问题。

（二）主要实习内容

1. 取样

其中用于等效剂量测试的样品制备需全程在暗室中进行。取样前在实验记录表中做好样品号的记录。首先，准备好已编号并称重的小烧杯1个，已编号的大烧杯1个；其次，将管壁上的胶带撕开，取出两端封口，用小勺等工具掏出2～3cm样品（该部分样品可能已经曝光），将其中50g左右的样品放入小烧杯中；最后，取样品管中间的样品200g左右放到大烧杯中，并加少量清水；样品管中多余的样品原位封存备份。该过程中应记录下所有取样者能观察到的样品情况，如样品粒度的粗细、有无特殊沉积物、是否有沉积间断等现象。

2. 含水率测量

小烧杯中的样品用于测量含水率以及制备环境剂量测试所需的样品，将装有样品的小烧杯再次称重，做好记录后在烘箱中烘干，再次称量，并计算含水率。

3. 环境剂量样品制备

将小烧杯中的样品用球磨机研磨成“面粉状”（粒径小于20μm）。将小烧杯中的样品与钢球放入钢罐中，通常4个钢罐重量（罐＋钢球＋样品）应基本一致，以保持运转平稳、减噪；将已装好球、样品的钢罐正确安放在球磨机上，先将上方把手顺时针旋紧，再将下方把手顺时针锁紧，然后关上罩盖，开机研磨2～10min（视样品量及粗细情况而定，时间太短研磨不够细，太长样品容易粘在一起）；然后，关机，倒出钢球和样品，将钢球挑出，样品装入小自封袋中，写上样品编号（注意：球磨机钢罐需成对使用，避免使用单个钢罐，样品为单个时也需对应加上1个空钢罐）。环境剂量测试的样品只需5g左右即可，剩余的样品分装作为备份。

4. 等效剂量样品制备

大烧杯中的样品用于等效剂量样品的制备，目的是去除样品中的碳酸盐矿物、有机质，同时提纯出特定粒径的石英颗粒。做好防护措施后将烧杯放入通风橱中，往烧杯中反复多次加入10%盐酸以及30%双氧水。鉴于盐酸和碳酸盐矿物化学反应较为快速且剧烈，加入时应少量多次，避免产生大量泡沫溢出。双氧水与有机质的反应较慢，该过程视样品情况需要3～7d，同时双氧水的加入也需要遵循少量多次的原则。这一过程直到反应完全，即加入盐酸和双氧水再无反应，然后用清水将样品洗至中性。

粗颗粒石英样品（粒径90～125μm）的提纯是将已去除碳酸盐矿物和有机质的样品烘干

后过筛，通常用170目(90μm)、120目(125μm)的分子筛。然后，取适量筛选后的样品放入四聚氟乙烯杯中，在通风橱中加入40%氢氟酸处理40min，目的是去除长石和石英颗粒表面的α层。该过程需要做好严密的防护措施，双人在场操作。40min之后加入10%盐酸继续搅拌30min，然后用清水洗至中性，放入烘箱烘干。烘干后装入小试管中保存。

细颗粒石英样品(粒径4～11μm)的提纯是将已去除碳酸盐矿物和有机质的样品在10cm水深的静水中分别沉降15min(去除大于11μm的颗粒)和2h(去除小于4μm的颗粒)后，得到4～11μm的混合样，取适量混合样放入离心管中，并加入35%氟硅酸40mL。将离心管放在混匀仪上旋转反应5～7d，去除其中的长石矿物。反应完成后用清水洗至中性，将提纯的细颗粒石英放入丙酮中保存。

5. 测片制备

粗颗粒样片的制备是在直径为10mm的测片中部涂上少许硅油，然后将完成前处理的粗颗粒石英粘在测片上。细颗粒样片的制备是将测片放在特制的小玻璃管底部，用移液枪将混有细颗粒石英的丙酮溶液注入小玻璃管内，烘干后即完成细颗粒石英的测片制备。

6. 释光性质检测

1)石英纯度检测

石英纯度检测即对前处理后的样品进行石英纯度检测。一般长石可以被红外光激发，而石英无法被红外光激发，同时蓝光可以同时激发长石和石英。根据这一原理，可以检测样品中是否含有残余的长石颗粒。具体流程见表2-1-2。

表2-1-2 石英纯度检测程序

步骤	操作	结果
1	红光激发40s，测量温度60℃	红外释光
2	蓝光激发40s，测量温度125℃	光释光
3	给再生剂量100s	
4	220℃热释光	温度
5	红光激发40s，测量温度60℃	红外释光
6	蓝光激发40s，测量温度125℃	光释光

2)预热坪实验

预热坪实验主要目的是在等效剂量测试之前确定测试过程中所需的预热温度。矿物晶体在沉积埋藏过程中接受的电离辐射中，一些百年尺度的短半衰期释光信号会随着时间的积累而被归零。换言之，目标矿物晶体中所保存的天然释光信号主要是热释光325℃峰值处所代表的千年尺度以上的半衰期释光信号，而在实验过程中人工所给的辐照剂量并没有足够的时间去模拟天然埋藏过程。所以，在等效剂量测试过程中需要用一个预热温度去消除低温不稳定晶格缺陷中释光信号的影响。

理论上，等效剂量测试过程中最后的测试结果与预热温度有相关关系。等效剂量的结果会随着温度的变化存在一个稳定的坪区。就是说在一个合适的温度范围内，所测得的等效剂量结果大致相等。当预热温度过低，则不能有效去除低温不稳定性缺陷中电子对释光信号的影响，会导致最后结果偏高；如果预热温度过高，则可能产生“热回授”现象，同样也会导致最后测试结果偏高。预热坪实验的实验步骤见表2-1-3。

表2-1-3　预热坪实验测试程序

步骤	操作	结果
1	给剂量 D_i（i=0，1，2，3，…）	
2	预热温度180～260℃（间隔10℃），时间10s	
3	蓝光激发40s，测量温度125℃	Ln
4	给检测剂量 D_t	
5	预热温度160℃，时间10s	
6	蓝光激发40s，测量温度125℃	Tn

3）剂量恢复实验

剂量恢复实验的目的是判断样品中石英矿物是否适用于释光测年。石英颗粒在不断地接受辐照积累信号，曝光信号晒褪归零这一循环中，石英矿物晶格接受辐照灵敏度会不断增强。当石英颗粒没有被完全晒褪就被沉积埋藏时，矿物晶格中的残留释光信号会使石英颗粒的释光性质产生改变。这一影响在实验室进行人工辐照的时候体现尤为明显。具体的测试过程见表2-1-4。

表2-1-4　剂量恢复实验测试程序

步骤	操作	结果
1	给恢复剂量 D_r	
2	暂停时间10 000s	
3	给再生剂量 D_i	
4	预热温度 T_i，时间10s	
5	蓝光激发40s，测量温度125℃	Ln
6	给检测剂量 D_t	
7	预热温度160℃，时间10s	
8	蓝光激发40s，测量温度125℃	Tn
9	返回步骤3	

注：进行实验之前将样品在阳光下暴晒，使释光信号归零；步骤3中当 $i=0$ 时，$D_i=0$；当 i=（1，2，3，…）时，D_i 为实验再生剂量。

7. 等效剂量测试

在完成石英释光性质检测实验后，利用单片再生剂量法（SAR 法）对样品的等效剂量进行测试。基于统计学的原理，一般会对每个样品测试 12 个以上的测片，测片数越多，结果越准确。具体测试流程见表 2-1-5。

表 2-1-5 单片再生剂量法测试等效剂量程序

步骤	操作	结果
1	给再生剂量 D_i（$i=0,1,2,3,\cdots$）	
2	预热温度 240℃，时间 10s	
3	蓝光激发 40s，测量温度 125℃	Li
4	给检测剂量 D_t	
5	预热温度 160℃，时间 10s	
6	蓝光激发 40s，测量温度 125℃	Ti
7	返回步骤 1	

其中 $D_0=0$，步骤 1 中每一个再生剂量测得一个释光信号，同时在每个再生剂量释光信号的测定之后都加入一个检测剂量 D_t 对样品的释光信号感量变化进行校正，得到 Li/Ti。最后建立起 Li/Ti 随再生剂量变化的释光生长曲线，而天然剂量 Ln/Tn 的值在曲线上投点所对应的剂量值就是测量所得的等效剂量值。SAR 法完美地解决了多片法无法自我校正以及在等效剂量测试过程中石英颗粒自身灵敏度变化的问题。之后对所测得的所有测片的等效剂量值进行统计学分析，得到这个样品的最终的等效剂量值。

8. 环境剂量测试

环境剂量测试是用中子活化法对 U、Th、K 元素的含量进行定量检测。实验室会统一将完成前处理的环境剂量样品寄送至相关实验室用中子活化或同轴锗谱仪进行测试。

9. 释光年代计算

根据等效剂量以及环境剂量的测试结果，利用 DRcalculator 软件对样品的释光年代进行计算。

（三）实习报告要求

（1）根据附表要求填写好实验记录。

（2）完成附图中示例的相关图件。

（3）完成一份实验报告，对样品实验流程进行总结，分析实验数据结果。

(四)附图与附表

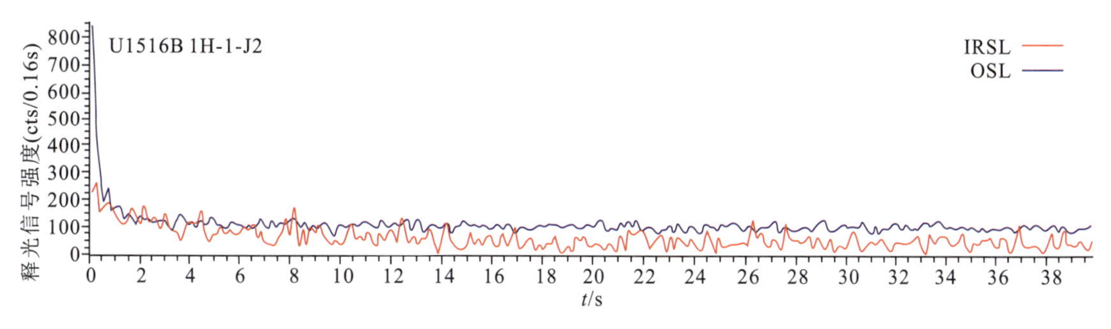

图 2-1-2 红外检测图

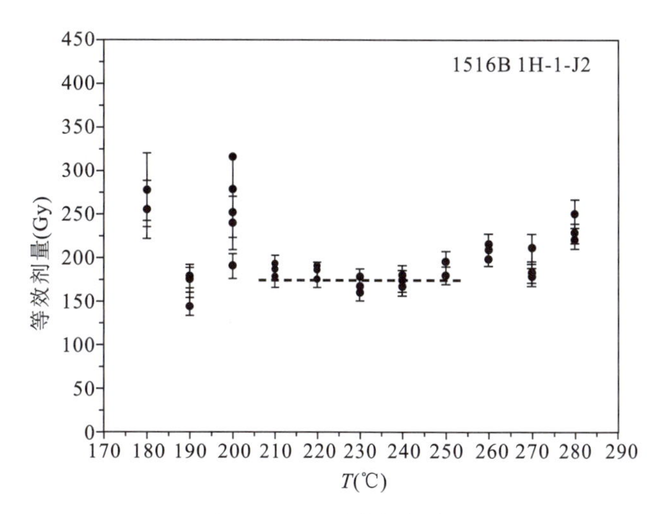

图 2-1-3 预热坪实验图

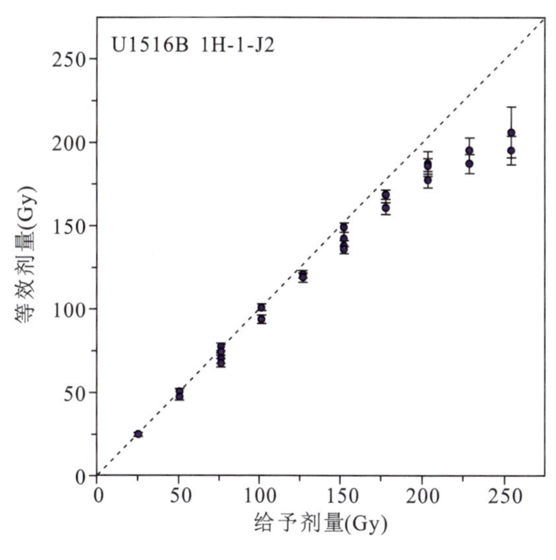

图 2-1-4 剂量恢复实验图

表 2-1-6 实验记录表(一)

样品号	小烧杯重(g)	小烧杯+湿样重(g)	小烧杯+干样重(g)	含水率(%)	备注

表 2-1-7 实验记录表(二)

	1	2	3	4	5	6	7	8	9	10	11	12	中值	平均值
测片位置														
等效剂量(s)														
等效剂量(Gy)														

表 2-1-8 实验记录表(三)

样品号	样品深度(cm)	U ($\times 10^{-6}$)	Th ($\times 10^{-6}$)	K (%)	含水率(%)	等效剂量(Gy)	环境剂量(μGy/a)	释光年代(ka)

第二部分　激光拉曼测试

一、仪器介绍

激光拉曼实验室配备了温度控制与测量系统、压力控制与测量系统、物质组成与结构观测系统(图2-2-1)。压力传感系统主要包括装样品的高压容器管式高压腔(由耐高压透明熔融石英毛细管制作)、给样品加压的压力泵、测定体系压力的压力传感器等,管式高压腔通常与高压不锈钢管、高压阀门等相连。温度控制主要由冷热台完成。物质组成与结构观测系统主要由激光拉曼光谱仪和与之配套的电脑主机构成。

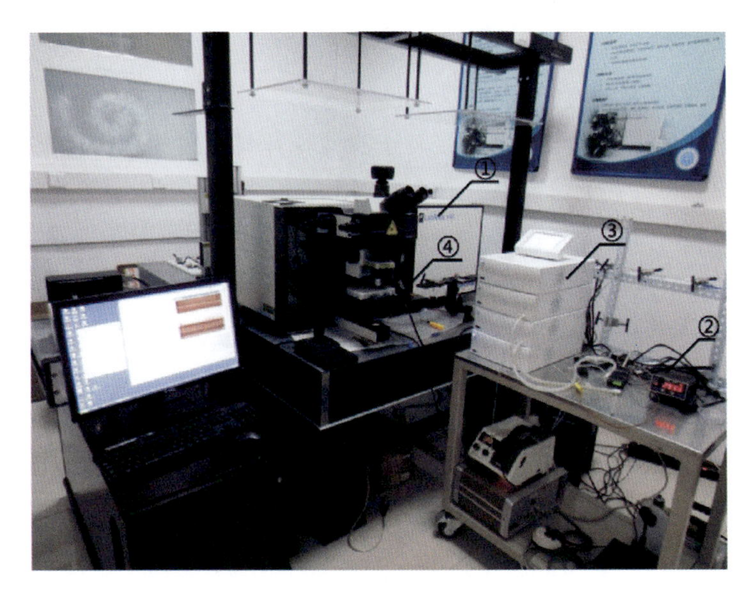

图2-2-1　激光拉曼光谱观测系统实验装置

①拉曼光谱仪;②压力传感系统;③冷热台;④熔融石英高压腔

激光拉曼光谱仪由HORIBA公司生产,型号为JY/Horiba LabRam HR800。物理配置包括:①激发波长为532.06nm的激光器,激光倍频Nd:YAG,激发功率为300mW,到达样品表面的功率小于10mW,较小的激光功率能避免聚焦区域温度的提升;②Olympus普通10×物镜和50×长焦物镜(N. A. =0.5,WD=10.6mm);③可切换的刻度为300gr/mm和

1800gr/mm 的光栅，其中 300gr/mm 的光栅光谱分辨率为 $4cm^{-1}$；④可调节孔径大小的共聚焦针孔；⑤物镜下面是 X、Y、Z 三轴自动平台，用于实现样品在平面上的移动以及精准聚焦，受软件控制，机械步长精度为 0.1μm，空间分辨率为 0.5μm。

二、实习内容

（一）实习目的与意义

显微激光拉曼光谱仪作为一种新型的微区分析仪器，具高精度、方便、快捷、无损的特点，为地学研究中新技术、新方法的应用提供了最先进的手段。通过研究不同物质的拉曼光谱，可以定性分析岩石矿物样品的组成，定量分析地质流体样品的组成，定量观测天然气水合物样品的组成(结构)。

显微激光拉曼光谱仪对提高地质工作质量、加强综合研究、开展学术交流，以及进行区域地质矿产调查、矿产勘查工作等均具有重要意义，为流体性质、沉积环境及成藏期次研究提供了重要依据，对深入了解实际天然环境中水合物的形成演化、组成条件具有重要的意义。

（二）主要实习内容

1. 拉曼定性分析岩石矿物样品的组成

将岩石薄片表面清洗干净，可以直接置于拉曼探针显微镜的载物台上，选择合适的物镜，将需要分析的矿物放置于镜头中央的十字丝下进行测定。由于每种物质都有其拉曼位移特征峰，因此利用拉曼光谱对岩石矿物进行定性分析非常方便，只需要确定拉曼光谱峰特征就可以对其成分进行判断。目前，已经测定了几百个物质的拉曼光谱，表 2-2-1 给出了常见矿物的拉曼光谱峰位置。

表 2-2-1 部分子矿物的拉曼光谱峰位置

矿物类型	常见矿物	拉曼光谱峰位置(cm^{-1})
碳酸盐	文石	152、209、710、1089
	方解石	156、283、711、1085
	镁方解石	157、284、714、1087
	菱镁矿	329、768、1094
	白云石	176、299、725、1097
硫酸盐	硬石膏	515、628、674、1015
	石膏	492、623、671、1006
	重晶石	460、988
磷酸盐	磷灰石	966

2. 拉曼定量分析地质流体样品的组成

流体包裹体是研究存在于矿物和岩石包裹体中的古流体，通过对流体包裹体的定性或定量分析可解释地壳乃至地幔中流体参与下的各种地质作用过程。将包裹体薄片样品表面清洗干净后，可以直接置于拉曼探针显微镜的载物台上，选择合适的物镜，将需要分析的包裹体放置于镜头中央的十字丝下进行测定。图 2-2-2 为天然流体包裹体显微特征及激光拉曼光谱演化特征。

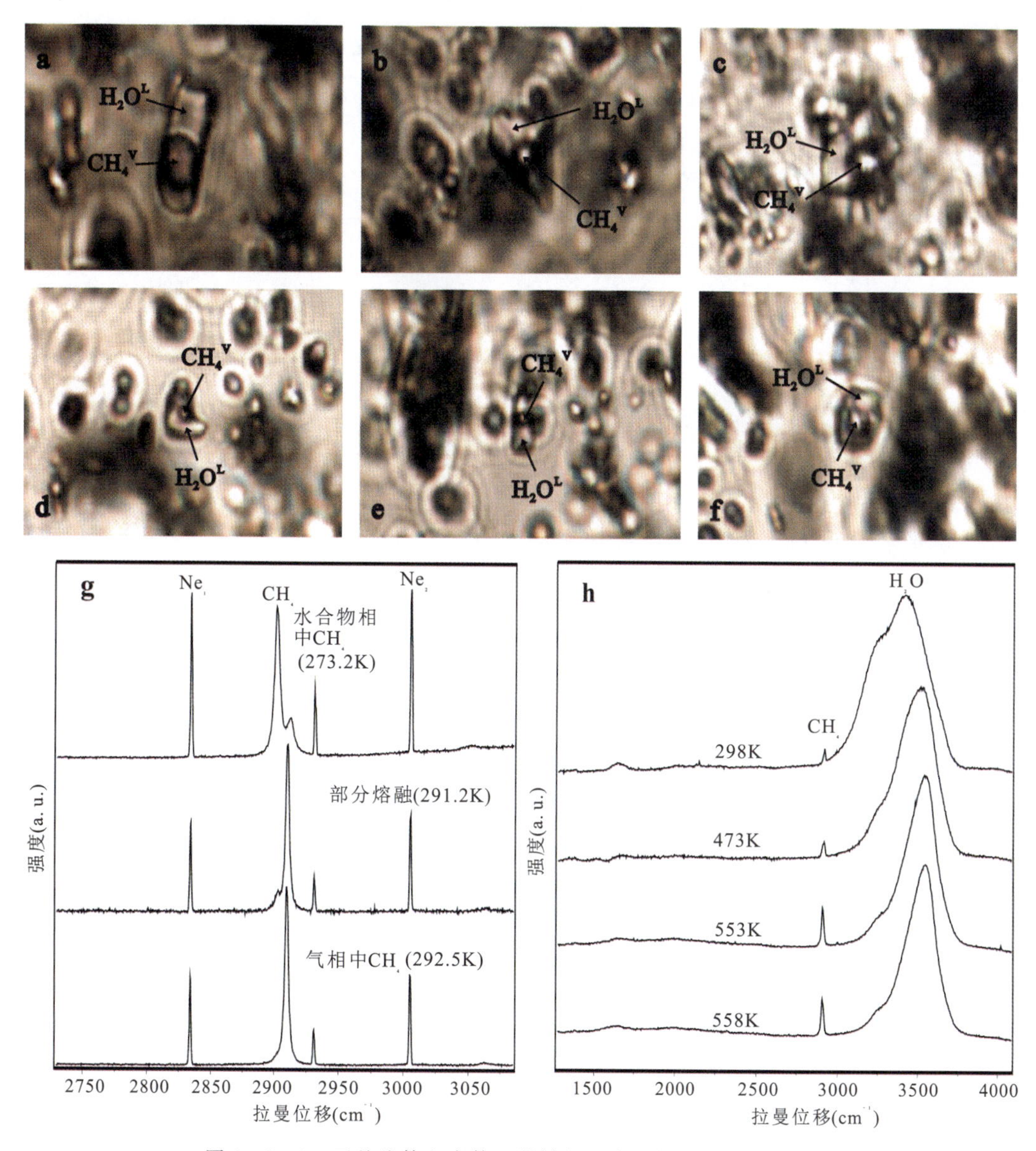

图 2-2-2　天然流体包裹体显微特征及激光拉曼光谱演化特征

a～f. 天然流体包裹体恒温在 298.15K 时显微镜下的照片；上标 L 代表液相，上标 V 代表气相；g. a 图中包裹体中合成水合物溶解过程中气相 CH_4 分子的拉曼光谱演化，Ne_1 和 Ne_2 分别为 Ne 灯在 2 836.99cm^{-1}（波长 626.65nm 处）和 3 008.13cm^{-1}（波长 633.44nm 处）的散射频带；h. c 图中包裹体升温均一过程中特定温度下液相的拉曼光谱由于每种物质都有其拉曼位移特征峰，因此利用拉曼光谱对流体包裹体的拉曼活性成分进行定性分析非常方便，只需要确定拉曼光谱峰特征就可以对其成分进行判断。并且每种物质都有对应的"指纹"拉曼光谱，在其他条件一定的情况下，物质的拉曼光谱峰强度与其浓度成正比，据此可实现对物质的成分、浓度的监测。

对流体包裹体成分进行定性分析，只需要特征峰即可，表2-2-2列出了流体包裹体不同组成成分的拉曼光谱峰位。

表2-2-2　流体包裹体中不同成分的拉曼光谱峰位置

成分	拉曼光谱峰位置(cm^{-1})	成分	拉曼光谱峰位置(cm^{-1})
SO_4^{2-}	983	SO_2	1151
CO_2	1286、1388	CO	2143
HCO_3^-	1360	O_2	1555
N_2	2331	H_2S	2590
CH_4	2917	C_2H_6	2954
H_2O	3350、1600	H_2	4156
NH_3	3336		

3. 拉曼定量观测天然气水合物样品的组成(结构)

将生长有水合物样品的毛细管置于冷热台内，将冷热台置于显微镜正下方，通过升温降压或降温升压，可以观察水合物不断溶解或生长(图2-2-3)。待水合物稳定时，在50×物镜下采集气、液、固三相的拉曼光谱。其中，液相光谱在气液界面附近液相中采集，气相光谱在气液界面附近气相中采集，水合物光谱在完整水合物晶体处采集。

对于纯甲烷气体的光谱，CH_4 的拉曼光谱峰位置为2917cm^{-1}，相对于纯甲烷水合物的光谱，CH_4 分裂为两个峰：2915cm^{-1} 和 2 904.8cm^{-1}，对应于小笼(5^{12})和大笼($5^{12}6^2$)中的 CH_4 的 C—H 伸缩振动带，拉曼光谱峰位置为峰的分裂是由于甲烷在水合物中占据两个不同的笼，峰面积的不同代表水合物中大、小笼比例不同(此时形成Ⅰ型水合物，小笼3个，大笼6个)。

对于液相光谱，CH_4 的拉曼光谱峰位置为2911cm^{-1}，H_2O 的拉曼光谱峰位置为3350cm^{-1}。利用GRAMS32/AI软件(Galactic Industries)对光谱进行积分，CH_4 峰手动积分得到 CH_4 峰面积，水的拉曼光谱峰在2650～3900cm^{-1}之间积分后减去 CH_4 峰面积得到水的峰面积。前人在流体中溶解气体的定量研究中，建立了溶解 CH_4 浓度与拉曼光谱峰面积比值的定量函数，拉曼光谱峰面积比值PAR与 CH_4 浓度之间的转换关系式为：

$$PAR/m_{CH_4}=3.673\times10^{-5}\times T+7.143\times10^{-3}$$

式中，PAR为甲烷峰面积与水峰面积比值；m_{CH_4} 为甲烷浓度，mol/kg；T 为温度，K。

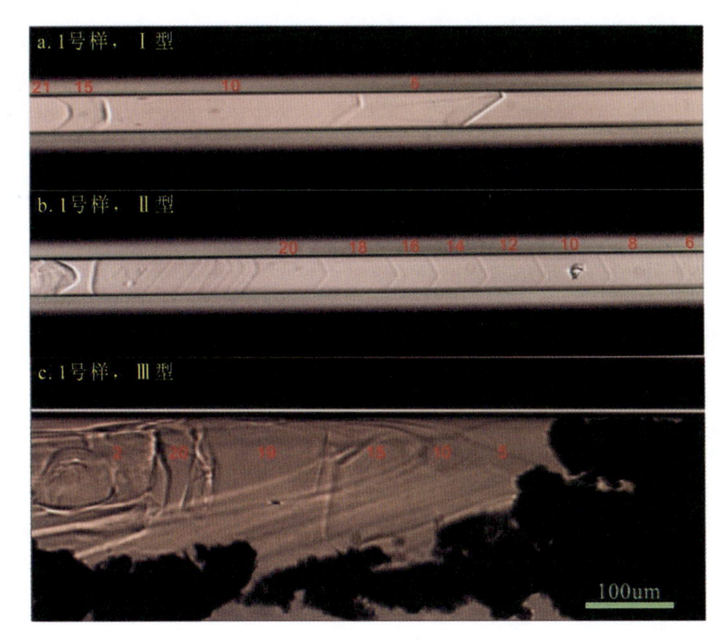

图 2-2-3　高压毛细管中不同温度下生长的水合物晶体

三、详细的实习步骤

(一)按程序依次开机

打开激光(顺时针旋转激光钥匙至“ON”后按下开关按钮)，打开电脑，开启NGSLabSpec软件(图2-2-4)。

(二)仪器自检和峰位校正

1. 仪器自检

用鼠标双击电脑桌面的NGSLabSpec软件图标，进入仪器工作环境。软件启动过程中，系统会自动检查。

2. 峰位校正

拉曼光谱仪的光谱可能存在漂移，每次进行试验之前都需要进行校正。因为硅片的拉曼光谱峰单一稳定为520.7cm^{-1}，实验前用硅片校正，保证实验数据的准确，具体流程如下。

(1)在“Spectrometer”位置输入520.7cm^{-1}。

(2)将硅片置于显微镜正下方，选择50×物镜；打开顶光，点击电脑软件“Camera”图标，打开显微镜Video模式，得到实时图像；转动显微镜升降台粗调，当Camera中图像较为清晰时，转动操纵杆微调，当Camera图像最清晰时即为最佳焦距；此时关闭顶光，打开激光，激光呈现最小光斑。

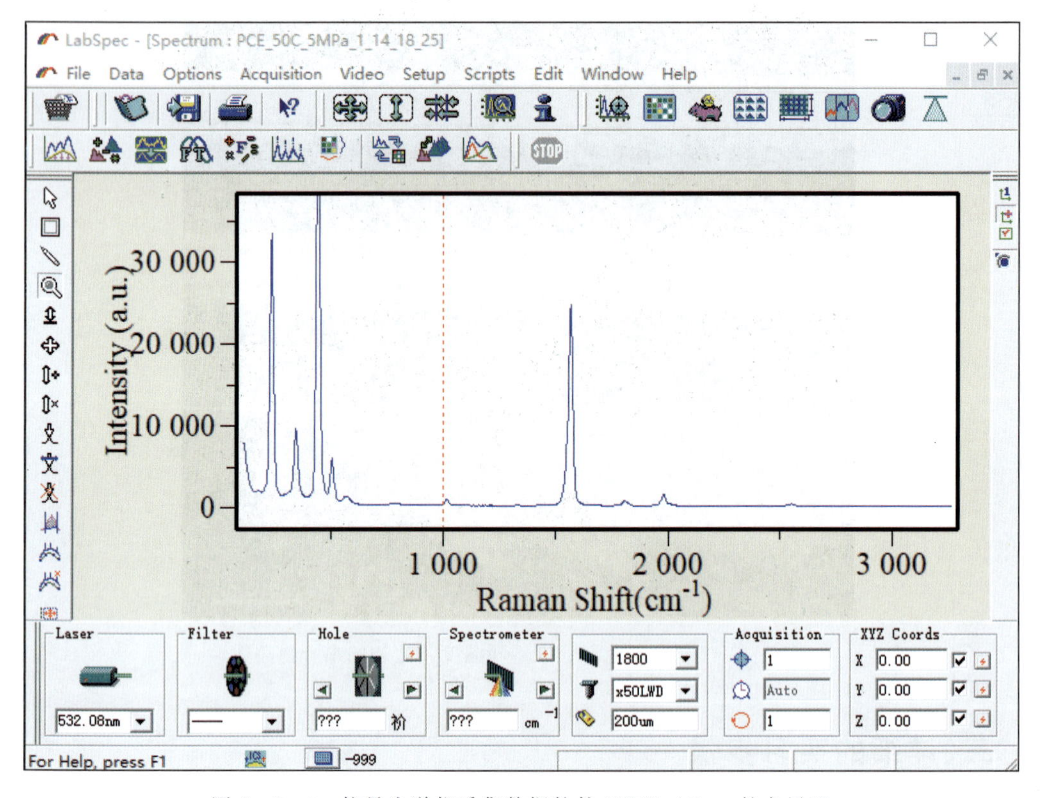

图 2-2-4 拉曼光谱仪采集数据软件 NGSLabSpec 的主界面

(3)打开显微镜 Raman 模式，点击软件“Spectrum RTD”得到硅拉曼光谱，之后点击“Stop”。

(4)点击“Peak searching and fitting”，之后依次点击“Search”→“Approx”→“Fit”，得到此时硅峰值。

(5)若硅峰有偏差不是 520.7cm^{-1}，点击菜单栏中“Setup”→“Instrument Calibration”，在出现的页面中改 Zero 值。若此时的值比 520.7 小，则将该值往小调；若此时的值比 520.7 大，则将该值往大调，一般以 5 为单位进行调整。

(6)再在“Spectrometer”位置输入 520.7cm^{-1}，按照以上步骤重复操作，直到光谱图上拉曼光谱峰的位置为 520.7cm^{-1}。

(7)每日实验前需要进行硅片校正并保存，点击菜单栏“File”中的“Save As”，格式为“.spc”，命名需要加上物镜倍数及日期。

(三)测试样品

(1)将样品放置于测试台，选择 10×物镜；打开顶光及底光，点击电脑软件“Camera”图标，打开显微镜 Video 模式，得到实时图像；转动显微镜升降台调整图像清晰度，通过 X、Y、Z 平台调节样品位置，使需要采集的光谱的位置位于镜头中央的十字丝下。

(2)切换50×物镜,转动显微镜升降台调整图像清晰度;通过 X、Y、Z 平台调节样品位置,使需要采集的光谱的位置位于镜头中央的十字丝下,当Camera图像较为清晰时,转动操纵杆微调,当Camera图像最清晰时即为最佳焦距。

(3)关闭顶光及底光,打开激光,打开显微镜Raman模式;点击软件"Spectrum RTD"得到拉曼光谱,根据需要可以设置光栅、狭缝、循环次数、曝光时间等,之后点击"Stop"。

(4)保存光谱,依次点击菜单中"Acquisition"中的"Auto Save",注意文件命名中不能出现".",可用"一",之后点击"Spectrum acquisition"。

(5)由实验室人员拷贝数据,个人不得私自使用U盘拷贝。

四、实习报告要求

(一)内容要求

实习报告以汉语撰写,由以下几部分组成,依次为中文封面、目录、正文、参考文献。每部分从新的一页开始,各部分要求如下。

1. 中文封面

报告题目:应以简明的词语恰当、准确地反映出报告最重要的特定内容。

姓名:填写个人姓名。

学号:填写个人学号。

专业:填写个人专业。

指导教师:填写教师姓名,后附导师职称,如教授、副教授、研究员等。

院系:指个人所在学院名称,应采用规范全称,如地球科学学院、资源学院等。

日期:填写报告完成时间,包括年、月、日,如2019.1.1。

2. 目录

实习报告应有目录,且另起页。目录是报告各章节标题的顺序列表,附有相应的起始页码。

3. 正文

正文是实习报告的主体部分,每一章应另起页,一般包括以下几个方面。

引言或绪言(第一章):包括实习的目的和意义、实习的背景、文献综述、报告结构、工作安排等。

具体章节:包括实习的内容和过程,完整记录实习进行时的程序和步骤,写明实习经历的内容和过程,根据需要可在实习过程中拍照,配以相应的文字进行说明。实习的分析结果作为报告的重点,应写明根据哪些分析获得哪些结果,可配以相应的图、表进行说明。各章之间互相关联,符合逻辑顺序。

引文标注:报告中引用的文献的标注方法遵照《信息与文献:参考文献著录规则》(GB/T 7714—2015),可采用顺序编码制,也可采用著者-出版年制,但全文必须统一。

结论:为最后一章,是报告的最终总结,应明确、精练、完整、准确。

报告字数:约 5000 字。

4. 参考文献

参考文献表著录项目和著录格式遵照《信息与文献:参考文献著录规则》(GB/T 7714—2015)的规定执行,参考文献表中列出的一般应限于作者直接阅读过被引用的、发表在正式出版物上的文献。私人通信和未公开发表的资料,一般不宜列入参考文献,可紧跟在引用的内容之后注释或标注在当页的下方。

(二)排版和印刷

1. 纸张要求及页面设置

表 2-2-3 纸张规格和页面设置要求

分类	排版要求
纸张	A4(210mm×297mm),幅面白色
页面设置	上、下 3cm,左、右 3cm,装订线 0cm
页码	宋体 10.5 磅(或五号)

2. 中文封面排版要求

表 2-2-4 中文封面排版要求

分类	排版要求
实习报告	宋体 26 磅(或一号)加粗
报告题目	黑体 22 磅(或二号)加粗居中(可分两行),单倍行距
姓名	宋体 16 磅(或三号)加粗
学号	Times New Roman 字体 16 磅(或三号)加粗
专业	宋体 16 磅(或三号)加粗
指导教师	宋体 16 磅(或三号)加粗
院系	宋体 16 磅(或三号)加粗
日期	Times New Roman 字体 16 磅(或三号)加粗

3. 目录排版要求

表 2-2-5 目录排版要求

分类	示例	排版要求
目录标题	目　录	黑体 16 磅(或三号)加粗居中,单倍行距
各章目录(一级标题)	第一章　×××	宋体 14 磅(或四号),固定值行距 20 磅,两端对齐,页码右对齐

续表 2-2-5

分类	示例	排版要求
二级节标题目录	1.1　×××	宋体 12 磅(或小四),固定值行距 20 磅,两端对齐,页码右对齐,左缩进一个字符
三级节标题目录	1.1.1　×××	宋体 12 磅(或小四),固定值行距 20 磅,两端对齐,页码右对齐,左缩进两个字符

4. 正文排版要求

表 2-2-6　正文排版要求

分类	示例	排版要求
各章标题 (一级标题)	第一章　×××	黑体 16 磅(或三号)加粗居中,单倍行距,上、下空两行,章序号与章题目间空一个字符
二级节标题	1.1　×××	黑体 14 磅(或四号)加粗居中,单倍行距,上、下空一行,序号与题名之间空一个字符
三级节标题	1.1.1　×××	黑体 12 磅(或小四)居左,单倍行距,上、下空一行,序号与题名之间空一个字符
正文段落文字	×××××× ×××××××× ××××××	宋体 12 磅(或小四),英文用 Times New Roman 字体 12 磅(或小四),两端对齐书写,段落首行左缩进两个字符。固定值行距 20 磅(段落中有数学表达式时,可根据表达需要设置该段的行距),段前 0 磅,段后 0 磅
图序号、图名	图 2.1　×××	置于图的下方,宋体 10.5 磅(或五号)居中,单倍行距,图序号与图题目文字之间空一个字符宽度
表序号、表名	表 3.1　×××	置于表的上方,宋体 10.5 磅(或五号)居中,单倍行距,表序号与表题目文字之间空一个字符宽度
表达式	……(3.2)	序号加圆括号,Times New Roman10.5 磅(或五号),右对齐

5. 参考文献排版要求

标题要求同各章标题,正文部分为宋体 12 磅(或小四,英文用 Times New Roman 字体 12 磅),行距 20 磅,段前、段后均为 0 磅。

6. 报告印刷

论文自正文起双面印刷,之前部分单面印刷。

第三部分　激光粒度分析

一、仪器介绍

测量粒度分布最基本的原理是光散射原理。光散射是指颗粒将照射到其上的激光向周围散射，颗粒的数量、粒径的大小决定了散射光各特征参数的变化，因此可以通过测量光强、偏振度、衰减比等激光参数的空间分布来获得待测颗粒的信息。LS 13 320 系列仪器利用这些原理可以快速提供精确并可重复的粒度分布。LS 13 320 系列仪器的最大特点是：粒度分析动态范围宽，分辨能力为同行业中最高，操作简便快捷，自动化程度高，可广泛应用于质量控制实验室、质量控制部门以及其他粒度分析领域。

（一）仪器的基本构成及工作原理

LS 13 320 型激光粒度仪主要由光学系统、样品模块、计算机系统和软件组成。

1. 光学系统

LS 13 320 的光学系统是由照明源、样品室、用于聚焦散射光的傅里叶透镜系统和记录散射光强度模式的光电探测器组成。激光辐射穿过空间滤波器和投影透镜形成光束。光束穿过样品单元，悬浮在液体或气体中的颗粒即按大小将入射光散射在特征图上。傅里叶透镜采集衍射光并将其聚焦在 3 组检测器上（小角散射、中等角度散射、大角散射）。样品模块通过自动对接系统附在光工作台上。

光源：LS 13 320 光学系统使用 750nm（或 780nm）的 5mW 二极管激光器作为主光源，对于 PIDS 系统还存在钨-卤素次级照明源。

傅里叶透镜有两种功能：一是聚焦入射电子束，使其不干扰散射光；二是将角度散射光转化到检测面上进行定位。傅里叶光学最重要的特点是在特定角度的任何颗粒的散射光都能被透镜折射，使其指向特定检测器，而不需要考虑光束中的颗粒位置。

2. 样品模块

样品处理模块的主要功能是将样品中的颗粒（不分大小）送至敏感区，避免任何干扰，如气泡或热湍流。样品模块通常由样品单元和传送系统组成。传送系统包括循环泵、超声探针或搅拌棍，以帮助颗粒更好地分散和循环。LS 13 320 型激光粒度仪运转时含有针对悬浮在液体或干粉中的颗粒进行设计的样品单元。这些样品模块为：旋风干粉系统（Tornado

DPS)、通用液体模块(ULM)、水溶液模块(ALM)、微量液体模块(MLM)。此外，ALM 也可以与自动制备站(APS)联合使用。

3. 计算机系统

LS 13 320 型激光粒度仪的计算机系统要求具备个人电脑(PC)和基于个人电脑的控制及分析软件。如果不是使用贝克曼库尔特有限公司(Beckman Coulter，Inc.)提供的个人电脑，也必须使用满足最低配置要求的电脑，具体要求见表 2-3-1。

表 2-3-1　LS 13 320 型激光粒度仪配置计算机系数参数要求

项目	最低配置	推荐配置
微处理器	Pentium® 166	Pentium III®
RAM	64Mb	64Mb
硬盘	1.2Gb	5Gb
监视器	800×600	1024×768
键盘	增强型 101/102	增强型 101/102
鼠标	2 个按钮	3 个按钮
MS Windows® 版本	Windows 98	Windows 98 或更高级别

4. 软件

基于微软窗口的 LS 13 320 控制程序提供了硬件控制和数据管理。除功能外，程序还容许以下操作。

(1)显示、打印、储存和输出数据。

(2)在屏幕上定制(用户界面)和打印报告。

(3)对分析一览图定义，使经常使用的分析协议自动执行。

(4)使用内置的安全属性(监督模式)。

(二)LS 13 320 型激光粒度仪主要技术参数

测量原理：全程 Mie 理论、Fraunhofer 理论。

操作条件：温度 10～40℃，相对湿度 0～90%。

测量范围：0.04～2000μm(单波长)；17～2000μm(多波长)。

准确性误差：小于 0.5%。

重现性误差：小于 0.5%。

测量结果：通道组大小和颗粒直径在微分与累积(大于或小于)分布上以体积百分数(%)、表面积百分数(%)及数量百分数(%)表示。

测量时间：通常为 30～90s。

测量光源：450、600、780、900nm。

电压：100±10、120±10、220±20、240±20V；50/60Hz。

重量：32.5kg。

二、仪器使用方法

对每个特殊的样品模块建立参照背景，随后用参照背景比较模块的运转情况。参照背景必须使用在运行期间得到的最佳背景确立，该最佳背景指示的模块窗口应当干净，如果是使用 ULM、MLM 或 ALM，稀释液应当不含颗粒。当使用参照背景比较来自差异分析运行的背景时，参照背景可以指示是否应该检查样品模块（必要时清洗）或系统是否需要维修。维护程序见个别样品模块单元。

建立参照背景步骤如下。

（1）执行样品分析。如果背景在推荐值内（小于 2×10^6），选择该文件作为参照背景。

（2）从 Run（运行）菜单上选择“Run Cycle Options”（运行循环选项）。

（3）选择“New Reference Background”（新建参照背景）。

（4）从对话框内选择需要使用的文件作为参照背景文件，点击“Open”（打开）；然后选定文件中的背景将被保存在校准文件夹内，使用文件名格式为“ZXBYYYY. $ ls”，文件名中的 X 在 ALM 上为 L，在 ULM 上为 U，在 MLM 上为 M，在 Tornada DPS 上为 P；Y 为 LS 13 320 光工作台系列号的最后 4 个数字。

三、实习内容

（一）实习目的与意义

通过激光粒度测试，确定各粒级的百分含量，分析岩石的形成环境或分析地质事件。例如通过海岸的沉积剖面粒度分布识别海啸灾难；通过江心洲上沉积剖面的粒度和有机元素组成分析，揭示出主要粒度参数，概率累积曲线和 C－M 图可以指示洪水事件沉积；对东海近岸泥质区岩芯进行测年和粒度分析，探讨其影响因素及所指示的沉积环境变化。

（二）主要实习内容

统计样品的平均粒径、中位数和众数、特征分布以及实验结果的不确定度分析。

1. 平均粒径

自定义平均粒径 $D(p,q)$ 的两个通用公式，一个用于算术平均值，一个用于几何平均值。这些函数可以在获取其他加权正常显示平均值时，查看某一种类型的加权分布。例如在查看体积加权分布时，可以使用表面积加权计算平均粒径。LS 13 320 用户也可以定义除这 3 个标准外的加权。定义如下：

$$p \neq q\text{(算术平均粒径)}\quad D(p,q)=\left[\frac{\sum n_i x_i^p}{\sum n_i x_i^q}\right]^{\frac{1}{(p-q)}}$$

$$p = q\text{(几何平均粒径)}\quad D(p,q)=\exp\left[\frac{\sum n_i x_i^p \ln x_i}{\sum n_i x_i^q}\right]$$

式中，x_i 为通道中心；n_i 为 i 通道上的颗粒百分含量。

如果在 Size Statistics(粒度统计)参数对话框上选择 $D(p,q)$ 并在提供的字段上输入 p 和 q 的整数值，则在选择 Analyze(分析)、Statistics(统计)时将出现包含其他统计的 $D(p,q)$。

对 p 和 q 进行选择所表示的平均粒径含义见表 2-3-2。

表 2-3-2　平均粒径的含义

$D(p,q)$	标准名字(LS 13 320 程序等价)
$D(0,0)$	几何平均粒径(以数量百分数表示的几何平均大小)
$D(1,0)$	算术平均粒径(以数量百分数表示的算术平均大小)
$D(2,2)$	表面加权的几何平均粒径(以表面积百分数表示的几何平均大小)
$D(3,2)$	表面加权的算术平均粒径(以表面积百分数表示的算术平均大小)
$D(3,3)$	体积加权的几何平均粒径(以体积百分数表示的几何平均大小)
$D(4,3)$	体积加权的算术平均粒径(以体积百分数表示的算术平均大小)

2. 中位数和众数

1)中位数

中位数是指在该值上一半分布(一半体积百分数、表面积百分数或数量百分数)比它大而另一半则比它小的颗粒直径。

2)众数

众数是指在一组数据中出现最频繁的值。众数值与含有最大体积百分数、表面积百分数或数量百分数的通道中心对应，这取决于所选择的加权。

3. 特征分布

方差、标准差、离散系数、置信界限、偏态和峰度是粒度分布形状的特征。正态分布在线性水平轴上的形状对称，对数正态分布则在对数水平轴上的形状对称。许多统计学测量是使用正态曲线或对数正态曲线用作参照。

1)方差

$$\text{算术}\quad V_a=\frac{\sum[f_i\,(x_i-x)^2]}{\sum f_i}$$

$$\text{几何}\quad V_g=\exp\left[2\sqrt{\frac{\sum[f_i\,(\ln x_i-\ln\overline{x})^2]}{\sum f_i}}\right]$$

式中，f_i 为容器高度。

2)标准差

标准差(σ)是方差开平方根。

3)离散系数

离散系数(CV)为标准差(σ)除以平均值($\overline{X}$)。该值使粒度分布的宽度(用%表示)与测量的平均值相关。CV 的作用是测量与绝对变化相反的相对变化，公式如下：

$$CV=\frac{\sigma\times100\%}{\overline{X}}$$

4)偏态系数

偏态系数(g_1)是偏离对称分布的失真程度，偏态程度和方向可以按下面的公式确定：

算术 $$g_1=\frac{\sum[f_i(x_i-\overline{x})^3]}{\sigma^3\sum f_i}$$

几何 $$g_1=\frac{\sum[f_i(\ln x_i-\ln\overline{x})^3]}{(\ln\sigma)^3\sum f_i}$$

当分布为完全对称时，平均值、中位数和众数相等，此时偏态系数等于 0($g_1=0$)。

对于向右偏斜的分布，大体上较高的值将使平均值增加，而众数值不受影响且偏态系数为正值($g_1>0$)。

对于向左偏斜的分布，大体上较低的值将使平均值减少，而众数值不受影响且偏态系数为负值($g_1<0$)。

5)峰度

峰度(g_2)是测量分布的顶峰。峰度是通过测量平均值有关的力矩，按下面公式进行计算：

算术 $$g_2=\frac{\sum[f_i(x_i-\overline{x})^4]}{\sigma^4\sum f_i}-3$$

几何 $$g_2=\frac{\sum[f_i(\ln x_i-\ln\overline{x})^4]}{(\ln\sigma)^4\sum f_i}-3$$

正态分布或 Garssian 分布是其他曲线的测量标准，正态分布的峰度为 0($g_2=0$)。

如果该分布产生比正态分布更高、更尖锐的峰，那么它的峰度较大并称作尖峰态分布($g_2>0$)，在峰态分布中大部分的粒度接近于平均粒度。

如果该分布产生比正态分布更小、更宽的峰，那么它的峰度较小并称作低峰态分布($g_2<0$)，在这类型的分布中粒度分布范围更广。

4. 实验结果的不确定度分析

不确定度的含义是指由于测量误差的存在对被测量值的不能肯定的程度，也表明该结果的可信赖程度，它是测量结果质量的指标。不确定度越小，所述结果与被测量的真值愈接近，质量越高，水平越高，它的使用价值越高。

从计量学的角度来说，可能的因素有以下10个方面。

(1)被测量的定义不完整或不完善。

(2)实现被测量定义的方法不理想。

(3)取样的代表性不够，即被测量的样本不能完全代表所定义的被测量。

(4)对测量过程受环境影响的认识不全面，或对环境条件的测量与控制不完善。

(5)对模拟式仪器的读数存在人为偏差。

(6)测量仪器计量性能上的局限性(如灵敏度、鉴别力域、分辨率、稳定性等)。

(7)赋予计量标准和标准物质的值的不准确度。

(8)引用的数据或其他参量的不确定度。

(9)测量方法和程序中有关的近似和假定。

(10)在相同的条件下重复观测时被测量的变化。

评估不确定度的步骤具体如下。

(1)确定被测量和测量方法。

(2)建立被测量与输入量的数学模型。

(3)用A类或B类方法评估各个分量的标准不确定度。

(4)按照不确定度传递定律计算合成标准不确定度。

(5)检验合成标准不确定度的合理性。

(6)确定置信概率，选取包含因子。

(7)计算扩展不确定度并报告。

考虑到大多数情况下，实验室对一个试样仅平行观测2～3次，计算出的实验标准差可信度太低。但实验在长期规范化测量中，积累了许多小样本观测数据，利用这些数据可以计算出具有较高可信度的多组观测值的实验标准差，这种方法称为合并实验标准偏差，有以下两种情况。

第一种：若每组独立观测次数相同，则自由度 $v=m(n-1)$，进行 m 组观测的合并标准偏差按下式计算：

$$S_p=\sqrt{\frac{1}{m}\sum_{i=1}^{m}S_i^2}$$

第二种：若每组独立观测次数不同，分别为 n_i，自由度分别为 $v_i=n_i-1$，m 组观测的合并实验标准差按下式计算：

$$S_p=\sqrt{\sum_{i=1}^{m}v_iS_i^2/\sum_{i=1}^{m}v_i}$$

(三)详细的实习步骤

(1)样品预处理：用一个小烧杯，取样品10g左右，先经10mL体积分数10%的盐酸浸泡24h；然后加入10mL体积分数10%的双氧水浸泡24h去除样品中的有机质；吸取上层清夜后，再用10mL摩尔百分数0.5%的六偏磷酸钠[$Na(PO_3)_6$]再浸泡24h，使其中的颗粒充分分散，最后将样品上机处理。

(2)打开激光粒度仪开关，预热20min以上，打开计算机系统。

(3)超声分散样品，至少15min。

(4)打开计算机中的LS 13 320软件，进入粒度检测程序。

(5)仪器进行自动校正，包括Measuring Offsets(测量补偿)、Auto Align(自动匹配)、Measuring Background(测量背景)。

(6)将分散好的待测样品进行磁力搅拌，用吸管取适量样品加入到ALM样品池中，进行检测。

(7)记录数据。

(8)将样品池中的水放掉，并冲洗样品单元3遍，然后进行下一次样品测试前的仪器校正。

第四部分　阴极发光仪分析

一、仪器介绍

1. 仪器参数

阴极发光实验所用的仪器为 CL8200 MK5 型阴极发光仪，由真空泵、样品室、电子枪及控制显示器组成，主要附件为 Leica DM2500 显微镜，用于成像（图 2-4-1）。该仪器技术指标如下所示。

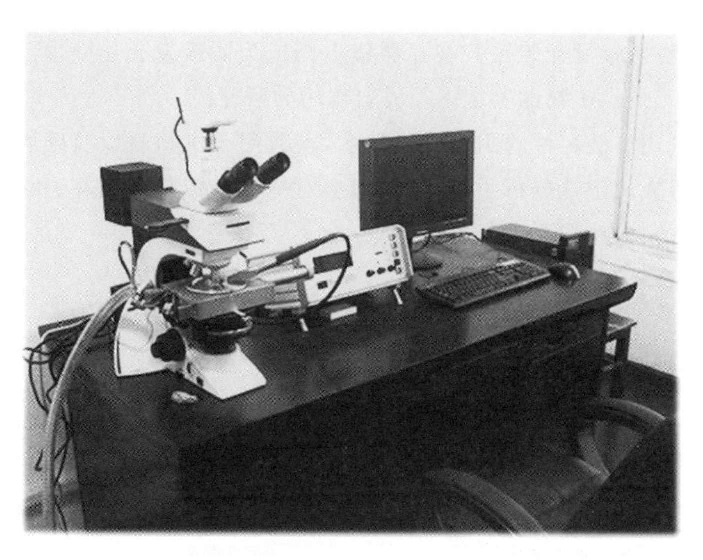

图 2-4-1　CL8200 MK5 型阴极发光仪

（1）电源：85～265V、50～100Hz 交流电源，150W 最大输出功率。

（2）真空泵：850W 最大输出功率。

（3）使用环境：温度＜30℃，湿度＜70％。

（4）样品室：底部窗口用于显微镜透射光使用，带有精密真空控制阀真空复合管、固态压力计、自动排气阀；附带电子枪样品室 TP9 型盖板，最短工作距离为 9mm。

（5）电源输出：在真空度稳定的情况下最高可达到 30kV、2mA。

(6)预设控制:电子枪功率、电压电流极限、自动显示亮度调整。

(7)数字显示:电压、电流、真空度、操作模式及仪器状态、KV 开启、电子枪输出极限、真空控制阀操控、内部电源输出诊断信息、控制参数。

(8)计算机接口:RS 232。

(9)电子枪保护:真空连锁装置。

(10)辅助选项:两个辅助电源输出。

(11)真空:有精确自动控制阀、自动排气阀,可通入氦气、氩气等气体。

2. 仪器原理

根据激发源不同,晶体发光的原因有多种。任何物质吸收了外加能量,都会由于能量增加而处于不稳定状态,并有自然放出能量的趋势。如果这些能量以光的形式放出,这就是发光现象。发光时间仅限于激发时间的发光称荧光,在激发停止后还继续发光的称为磷光;用强大的交变电场激发的称为电致发光;用可见光、红外光、紫外光、X 光激发的称为光致发光;由阴极射线管发出的加速高能电子束激发的称为阴极发光。

阴极发光是由电子束轰击样品时产生的可见光,不同矿物由于含有不同的激活剂元素或者是晶格间的能量差异而产生不同的阴极发光,用来激发并产生阴极发光的装置叫作阴极发光装置,把这种阴极发光装置装在显微镜上则成为阴极发光显微镜。阴极发光显微镜可以广泛地应用于岩石、矿物的鉴定以及成岩作用的研究。

阴极发光仪利用非破坏性的阴极发光技术,多数用于沉积岩以及碎屑岩(碳酸盐岩)等固体样品结构和组成的定性分析手段,同时不会对样品造成任何破坏。它具有换样快速方便、设计简单紧凑的特点(图 2-4-2)。

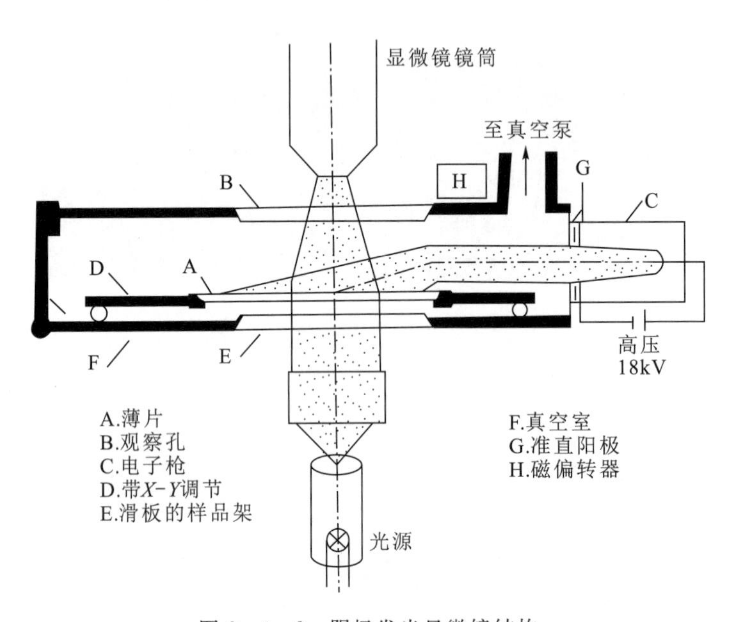

图 2-4-2 阴极发光显微镜结构

3. 仪器主要功能及应用领域

(1)CL8200 MK5型阴极发光仪主要用于对各类样品薄片进行镜下微结构和构造分析。在偏光显微镜的基础之上,用适当的阴极电子束对薄片样品进行轰击,使得薄片中的微观分子产生特殊的固有荧光效应。各类矿物都有各自不同的光学效应,在阴极光下会显示不同的颜色反应,如石英多为棕色和棕紫色,方解石呈明显的橘黄色,钾长石为特征的亮蓝色等,这些都在阴极光下得以直观地呈现,是光学薄片鉴定的一大进步。

(2)研究某些矿物的阴极发光特性能够揭示出地质历史时期矿物结晶或重结晶过程中的一些变化因素细节,为了解和研究矿物的发生、发展史及母岩的形成演化历史乃至大地构造单元岩浆活动、变质作用和构造演化等地质问题提供极为有用的丰富信息。由于矿物生成时的地质环境(温压条件、流体成分等)的不同,不同矿物或不同世代的同种矿物的阴极发光现象有差异。根据不同的发光现象,可以区分不同世代的矿物及不规则生长的晶体内部微形态,包括锆石等测年矿物、石英、长石、碳酸盐矿物、宝石矿物(鉴定)。

(3)阴极发光技术在沉积岩中广泛应用,但在内生成岩作用中的应用报道较少。赖勇于1995年利用阴极发光技术研究河北平泉光头山碱性花岗岩,扩展了阴极发光技术在内生成岩作用中的应用范围。

(4)在研究古生物地层时,如果遇到缺乏化石且构造复杂的地区,传统的地层工作方法将难以解决地层的划分和对比,而利用阴极发光技术并结合其他方法可以在一定程度上改变上述状况。

(5)用于岩矿教学,地质学领域的沉积岩、变质岩的薄片鉴定研究,区分各类长石(钾长石、斜长石及钠长石等),区分长石、石英及碳酸盐类矿物,区分方解石和白云石,恢复沉积结构、沉积的胶结期次和石英长石的加大期次,寻找重矿物(萤石、硬石膏等)。

(6)与其他大型仪器结合使用,如电子探针、光谱分析仪、扫描电镜等。目前阴极发光仪的发展趋向有3个:①在阴极发光仪上配置能谱仪,在观察矿物发光的同时还可测定矿物的元素组成;②提高电子枪的电压,可达25kV;③发光显微学与光谱学联合使用,即将样品的阴极发光有效地聚焦直接导入光谱仪进行测定。

二、仪器使用方法

主机装置:CL8200 MK5-2阴极发光仪。

附属装置:Leica DM2500 P显微镜、Leica DFC300 FX数字照相机。

1. 开机步骤

(1)打开控制面板电源,使仪器预热10~30min。

(2)开启电脑进入Windows视窗后点选Leica Application Suite V3.1.0软件。

2. 放置样品

打开样品室门,取出样品室的样品托盘;放置样品,样品托盘进入样品室;关闭样品室,确保样品室密封。

3. 抽真空

仪器预热好后，在阴极发光仪的前控制面板上打开真空阀，开始抽真空，并在开启真空阀后，按“自动/手动”切换按钮，选择“自动模式”。

4. Leica显微镜操作

（1）打开电源开关，首先在低倍物镜（5×）下，调节粗准焦/细准焦旋钮进行对焦，并通过转动样品托盘四向移动手柄，对所测样品进行快速浏览，寻找测试区域。

（2）再转动物镜转换器，换成高倍物镜锁定测试点，对焦至清楚即可。

5. 加高压

当真空度小于0.5mB时，关闭显微镜电源开关，在阴极发光仪的前控制面板上按“KV”按钮，使电子枪在一定的高压条件下发射稳定的电子束（注：电子束的强弱可以通过控制面板上的“KV”与“uA”调节旋钮进行手动调节）。

6. 图像摄取

待电击枪中电压、电流稳定后，即控制面板上的数据指示灯不再左右跳动时，便可在计算机的Leica Application Suite V3.1.0软件操作界面摄取目标阴极光彩图。注意：图像摄取的曝光时间主要根据样品在阴极光轰击下的发光强度来决定，一般发光越强，所需曝光时间越短，在15kV、256uA强度的电子束下，发光较强的碳酸盐岩所需要的曝光时间为24s左右。

7. 换样品

一个样品测完后，关掉真空阀；待样品室压力正常后，打开样品室门，取出样品；再放入新的样品，重复之前的操作即可。

8. 图像编辑

图像处理是Leica Application Suite V3.1.0软件自带的操作流程。

（1）在处理操作界面的注释栏，可手动标注摄取图像的拍摄日期以及与显微镜放大倍数配套的比例尺，也可以对摄取图像的名字进行修改或进行额外的标注，完成后，点击“合并”即可保存所有修改。

（2）若摄取图片颜色或色调不是很好，可以转至处理界面的图像处理栏，通过调节亮度、饱和度等来进行图片美化处理，使图片更清晰。

9. 图像存档

图像编辑好后，对于所需要的图像，在软件浏览界面选中后，点击鼠标右键，选择发送到“我的文档”即可。

10. 关机步骤

首先关掉控制面板电源开关，然后取出样品，最后关闭电脑运行软件并关机，具体注意事项如下。

（1）样品薄片为光片、薄片，或探针片（即将岩石、矿物或其他固体样品磨制成表面抛光但不加盖玻片的薄片）。

（2）每次操作前对仪器的各项参数指标进行检查，以确保仪器是正常运行的。

（3）在同一个样品观察浏览另一个测点时，首先要关掉KV开关，但不需要关掉真空阀。

（4）同一个测点图像摄取好后，立即关掉KV开关，以避免发生测区焦烤现象，影响二次观察。

三、实习内容

1. 实习目的与意义

了解阴极发光仪的结构、各组成部分的功能；掌握使用阴极发光仪测样的基本流程；掌握对基本矿物发光信息的识别。

2. 主要实习内容

（1）参观阴极发光显微镜的外观，了解组成部分的功能，学习阴极发光仪操作方法。

（2）在学生自己动手操作下，观察石英、长石、碳酸盐矿物、磷灰石的阴极发光特征。

（3）学生根据自己课题需要，选择有关的阴极发光样品，在阴极发光下进行观察，做出合理的地质解释，并写一份测试报告。

3. 实习步骤

（1）教师带领学生参观阴极发光显微镜的外观，介绍各个组成部分的功能，学生观摩教师的操作程序，之后自己动手熟悉仪器操作方法。

（2）教师展示石英、长石、碳酸盐矿物、磷灰石这几种矿物的阴极发光照片，学生观察并牢记。

（3）学生在阴极发光显微镜下观察这几种矿物的岩石薄片（长石石英砂岩薄片、碳酸盐岩薄片）。

（4）学生在岩石薄片中区分出不同矿物的阴极发光特征。

（5）学生根据自己课题需要选择阴极发光样品。

（6）学生自己动手操作阴极发光仪，对样品进行独立观察。

（7）学生对观察所得现象做出合理的地质解释，并将所得结果编写实习报告。

4. 实习报告要求

（1）简单介绍仪器及其使用方法。

（2）阐述所研究课题的研究意义。

（3）描述实习所观察到的现象（附照片），同时解释并总结规律。

第五部分　手持元素分析仪

一、仪器介绍

手持式元素分析仪是一种便携式的元素测试仪器，外观类似于枪（图 2－5－1）。本次实习所用的手持式元素分析仪购置于 2014 年，品牌是美国的尼通，型号为 XL3t950。

手持式元素分析仪是基于 X 射线荧光光谱分析（XRF）的一种元素测试仪器。X 射线荧光光谱分析是一种快速的、非破坏式的物质测量方法。X 射线荧光是用高能量 X 射线或伽马射线轰击材料时激发出的次级 X 射线。X 射线荧光光谱分析是用 X 光或其他激发源照射待分析样品，样品中元素的内层电子被击出后，造成核外电子跃迁，在被激发的电子返回基态的时候，会放射出特征 X 光。不同的元素会放射出各自的特征 X 光，具有不同的能量或波长特性，因而检测器接受这些 X 光，且仪器软件系统将其转为对应的信号。XL3t950 型手持式元素分析仪的主要技术指标如下。

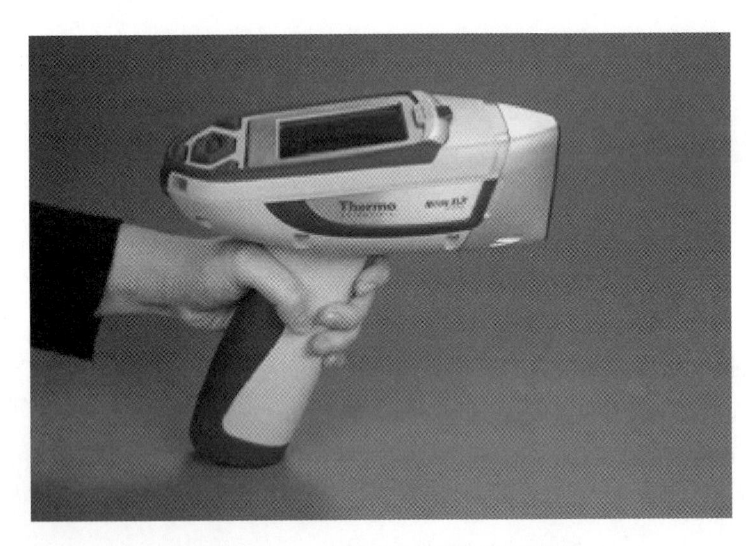

图 2－5－1　手持式元素分析仪实物图

（1）主要激发源：微型 X 射线管，Ag 靶，50kV，200μA 最大值。

（2）X 射线探测器：GOLDD 探测器，热电（Peltier）制冷。

(3)电路系统：日立 SH－4CPU，ASICS 高速 DSP 数字信号处理器，4096 通道 MCA。

(4)操作系统：为了防止病毒侵入，仪器自身采用软件为 C＋＋编程软件。

(5)电池：随机提供两个具有热交换功能的锂电池，110V/220V 通用充电器。持续使用 6～8h，充电约为 2h。

(6)显示器：屏幕与主机为一体，屏幕可向上旋转 85°，彩色屏幕，带背光的图形阵列(VGA)触摸屏 LCD，触摸键面积不小于 $2cm^2$；光谱图线与数据同时显示。

(7)操作软件：自主研发软件，操控界面埋置于分析仪内，与分析仪成一体，整机一体化设计，非主机配 PDA。

(8)检测模式：矿石样品检测模式、土壤样品检测模式、全模式，稀土测试模式。

(9)虚拟元素法：可根据用户所关注的多种元素比例编辑多种公式，仪器可自动根据公式换算显示用户关注的数值，如某种元素的氧化物、硫化物、多种稀土混合的总和等。

(10)数据存储：存储 10 000 个检测数据(含 X 射线光谱)。

(11)前置 CCD 摄像头：摄像头分辨率为 240×320，测量时可自动拍照。

(12)直接自定义校正曲线：可根据客户实际样品，通过 NDT 用户模式或直接在仪器中的“Type Standard”功能下建立调整校正曲线，使得检测数据更为准确以及贴合实际应用。

XL3t950 型手持式元素分析仪的主要功能及应用领域如下。

(1)手持式矿石元素分析仪由主机 XL3t950 进行分析测试，具有多种功能、多种测量模式，可根据矿物勘探、开采、生产等过程的需要灵活选择。对于各类样品，利用微型 X 射线管、Ag 靶(50kV，200μA 最大值)，激发样品中所含重金属元素，通过高性能 SDD 探测器接收 X 射线，判断元素类型及含量；该仪器具有小点分析功能(可选)，可将测量范围精确至 3mm，对微小样品或微小矿化区域进行分析；具有彩色摄像功能(可选)，用户可观察、定位、拍照分析部位，并将分析结果进行存储，以备后续查看。

(2)可以直接测试矿石、土壤、岩芯等各种状态的样品(液体样品除外)，还可用于包括勘探找矿领域(化探、填图、品位控制等)、选矿(同时多元素分析，不漏矿)、矿产评估领域(圈定矿体等)等在内的矿产勘查领域，同时在环保监测领域(土壤污染等)、贵金属评估领域、宝石鉴定领域、古董收藏领域也有一定应用。

二、仪器的使用方法

手持式元素分析仪在测试时具有一定量的辐射，当 X 射线管打开后，仪器上面的 4 个警告灯会不停地闪烁，即此时有辐射产生。虽然仪器的辐射量很小，但使用时也一定要注意辐射安全，枪口不要对着人。

仪器配有触摸屏，既可手动操作，又可触屏操作，仪器按键的分布和功能如图 2－5－2 所示。

手持式元素分析仪的具体操作步骤如下。

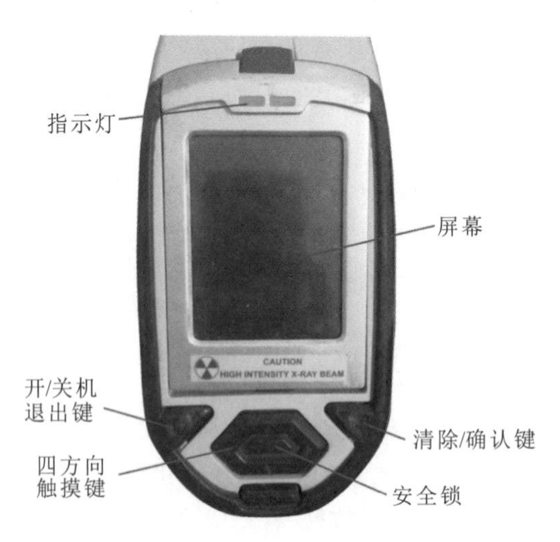

图 2-5-2　手持式元素分析仪控制面板

1. 开机

装好电池后，按“开机”键，待 LED 警示灯闪烁后松开，仪器将自动启动，并进入登录界面，点击触屏任意位置继续操作，在“警告”页面选择“是”后进入“输入密码”页面(图 2-5-3)。仪器的开机密码为 1234。开机时注意枪头不要对着人。

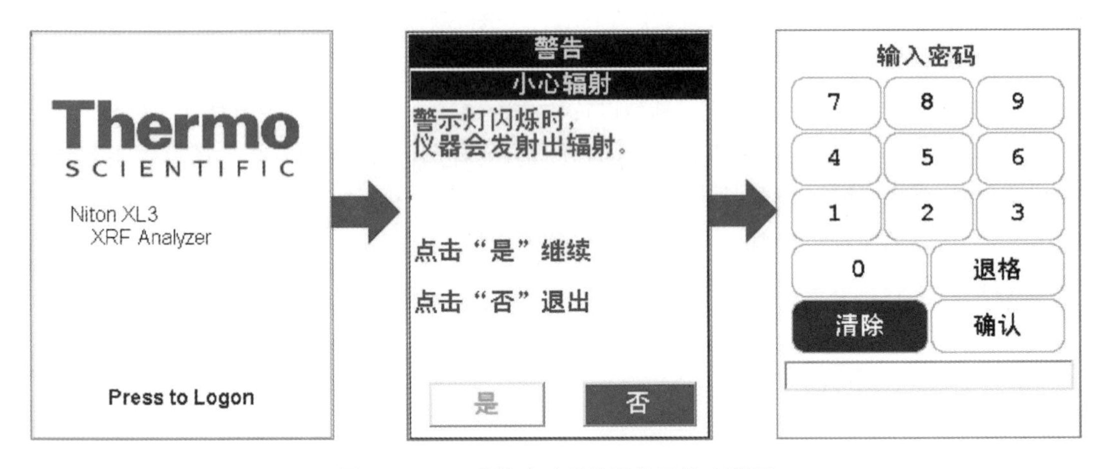

图 2-5-3　手持式元素分析仪开机步骤图

2. 元素归类

在此可以设置测试过程中各个滤波片的工作时间。测试多个元素可能需要多组滤波片，点击滤波片前的“?”可以查看此滤波片侧重分析的元素。具体操作步骤如图 2-5-4 所示。

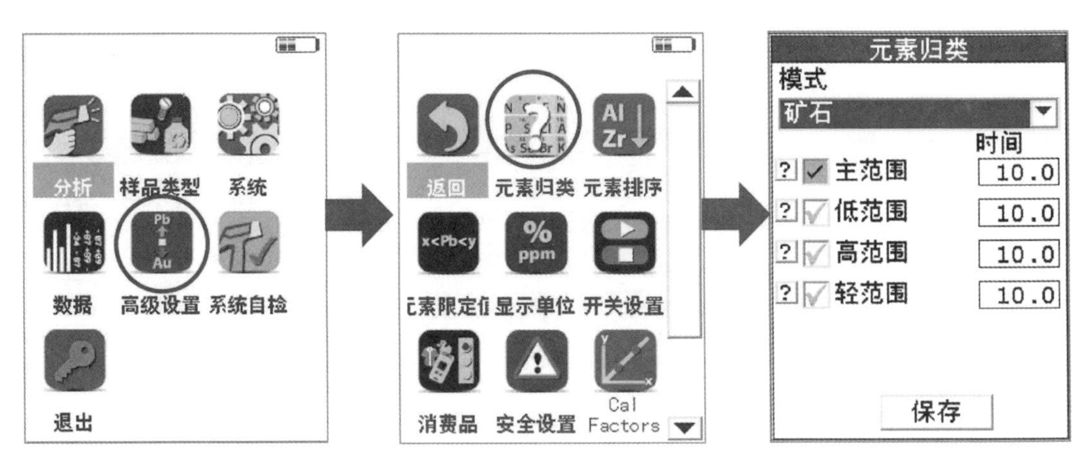

图 2-5-4 手持式元素分析仪元素归类设置步骤图

3. 元素排序

选中关注元素，点击屏幕右侧的“↑”“↓”方向键可以调整元素的显示顺序，点击下方的“显示设置”的下拉箭头可设置元素的显示状态，可以选择“正常显示”“优先显示”“隐藏”。具体操作步骤如图 2-5-5 所示。

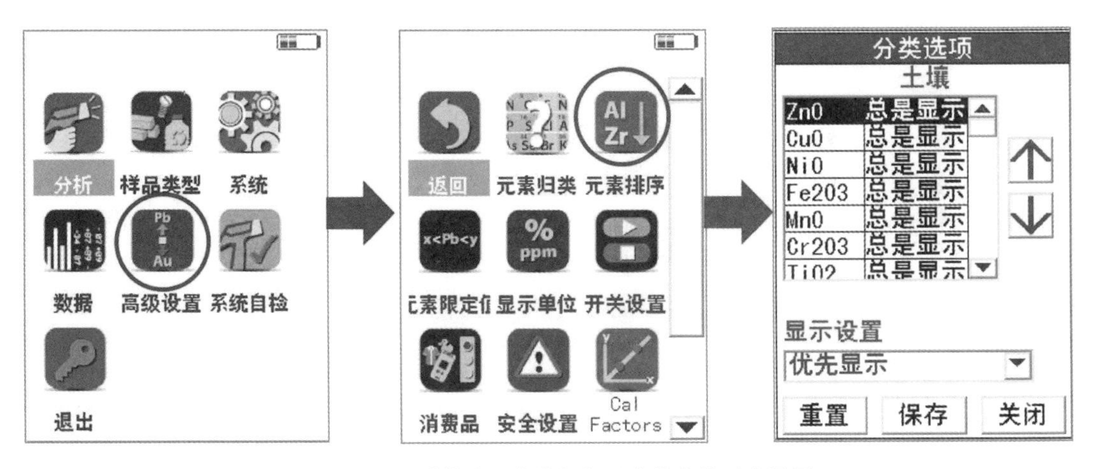

图 2-5-5 手持式元素分析仪元素排序设置步骤图

4. 元素限定值

该模式下可以设定不同分析模式下的各元素的上限、下限。如测试值在范围内，则该元素的测试结果显示为绿色；若不在范围内，则有可能是黄色（误差较大）或红色（超限）。具体操作步骤如图 2-5-6 所示。

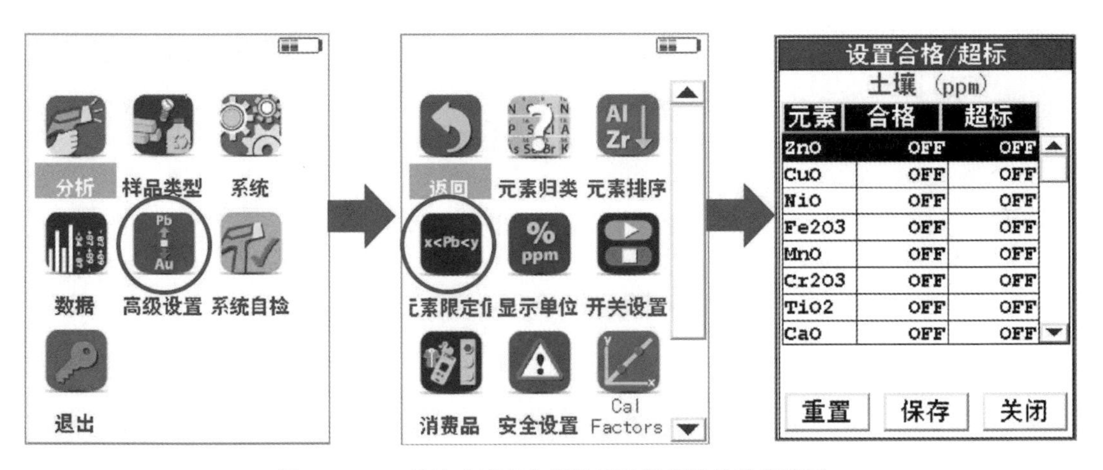

图 2-5-6　手持式元素分析仪元素限定值设置步骤图

5. 显示单位

该模式下可设置各模式测试结果的显示单位为“%”(百分含量)或“ppm”(ppm 为 $\times 10^{-6}$,表示百万分之一),在此还可设置各模式测试结果的置信区间。具体操作步骤如图 2-5-7 所示。

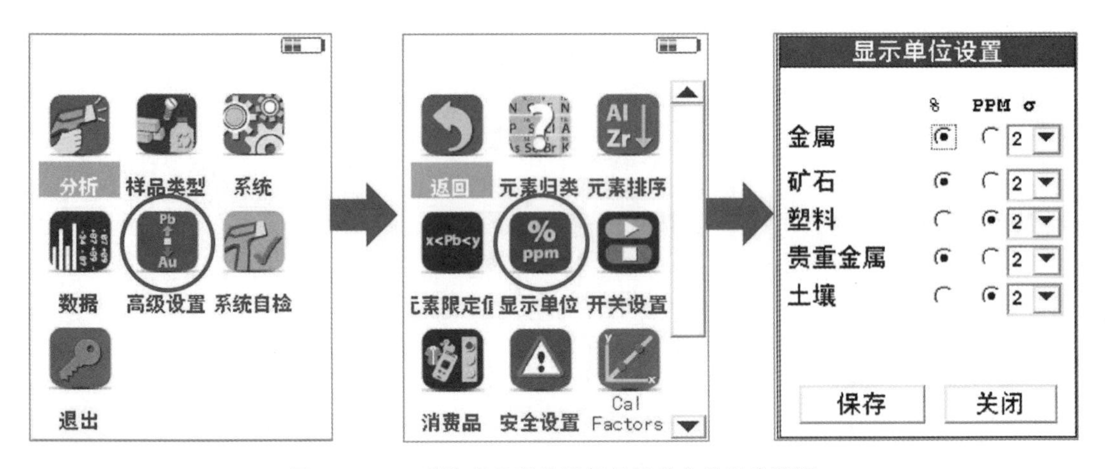

图 2-5-7　手持式元素分析仪显示单位设置步骤图

6. 虚拟元素

该模式下可设置所需要的氧化物,不过此模式下设置的氧化物是仪器根据公式换算出来的,不代表实际的含量。具体操作步骤如图 2-5-8 所示。

7. 模式选择

在测试前,还要选定测试所需的分析模式。仪器总共有 4 种选择来测试样品:全能测

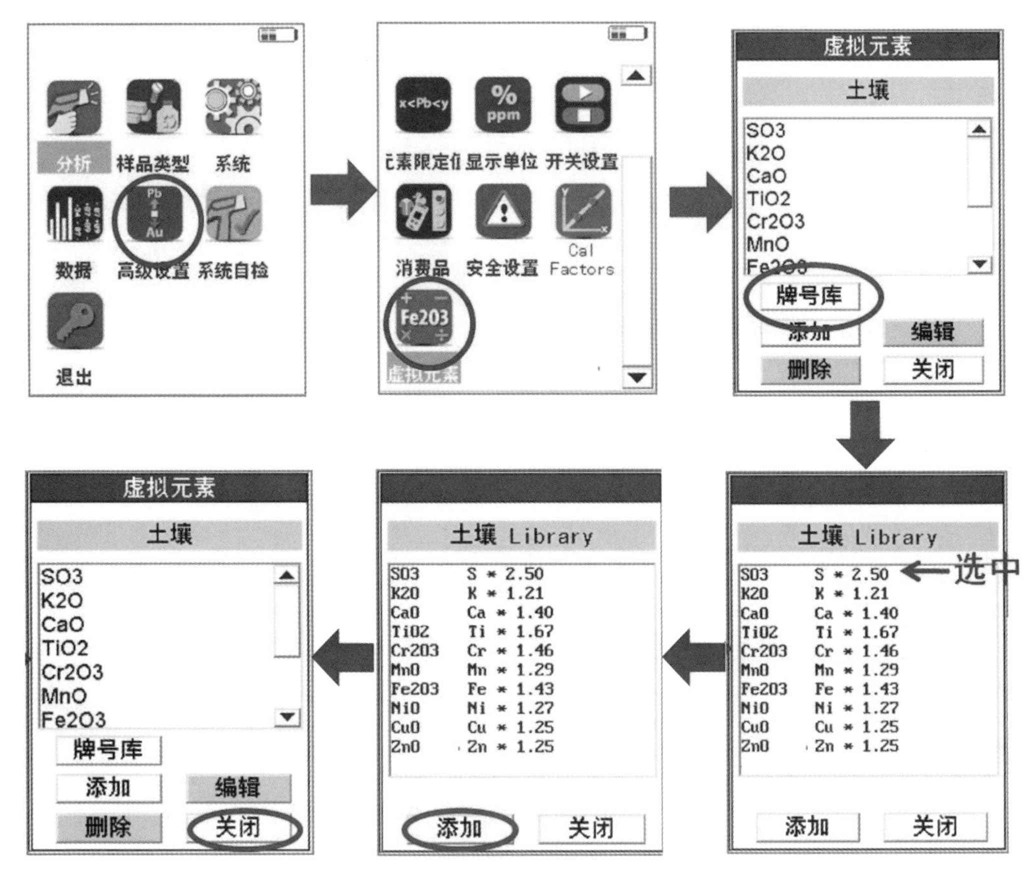

图 2-5-8　手持式元素分析仪虚拟元素设置步骤图

试、土壤、矿石铜锌和矿石钽铪。本次实习所用的模式为土壤和矿石铜锌。模式的选择与样品外在形态无关，只与所关注的元素含量范围有关。土壤模式适用于所分析元素含量低于1%的情况，矿石模式适用于所分析元素含量高于1%的情况。具体操作步骤如图 2-5-9 所示。

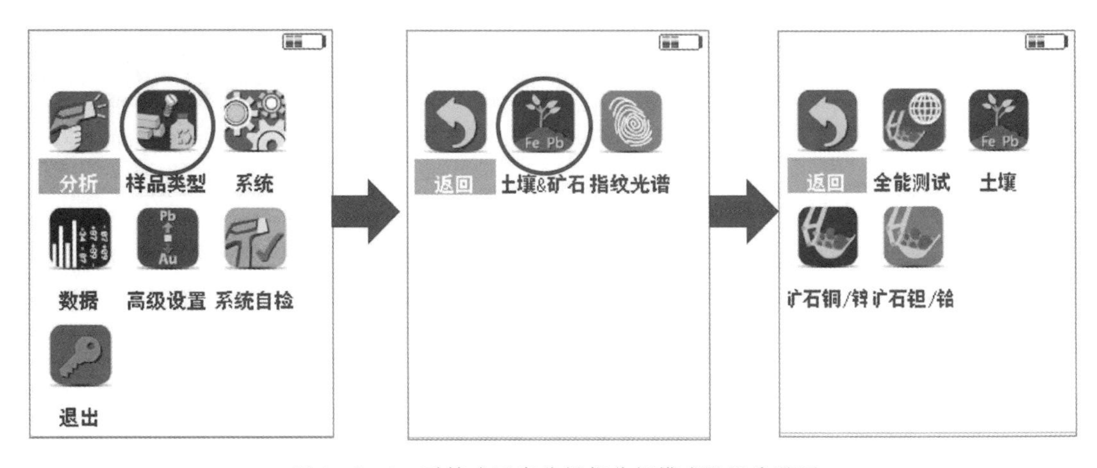

图 2-5-9　手持式元素分析仪分析模式设置步骤图

8. 测试

测试之前需要输入测试样品的具体信息，本次实习主要是要输入样品的对应深度，其他内容可以空白。输入完信息后，点击“return”即可。具体操作步骤如图 2-5-10 所示。

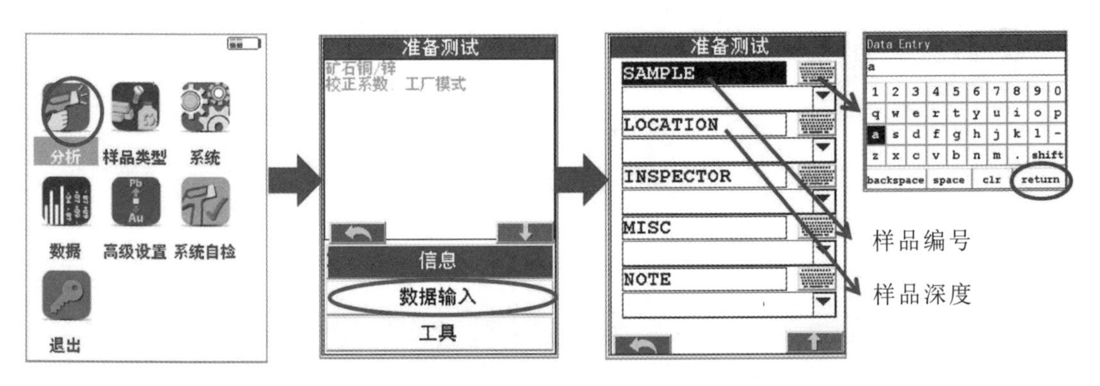

图 2-5-10　手持式元素分析仪测试样品具体信息设置步骤图

测试时按住“测试”按钮即开始测试，测试过程中需一直按住，中途不能松开。测一个样品约 50s。测试时枪头要尽量正对样品，防止辐射外泄。具体操作步骤如图 2-5-11 所示。

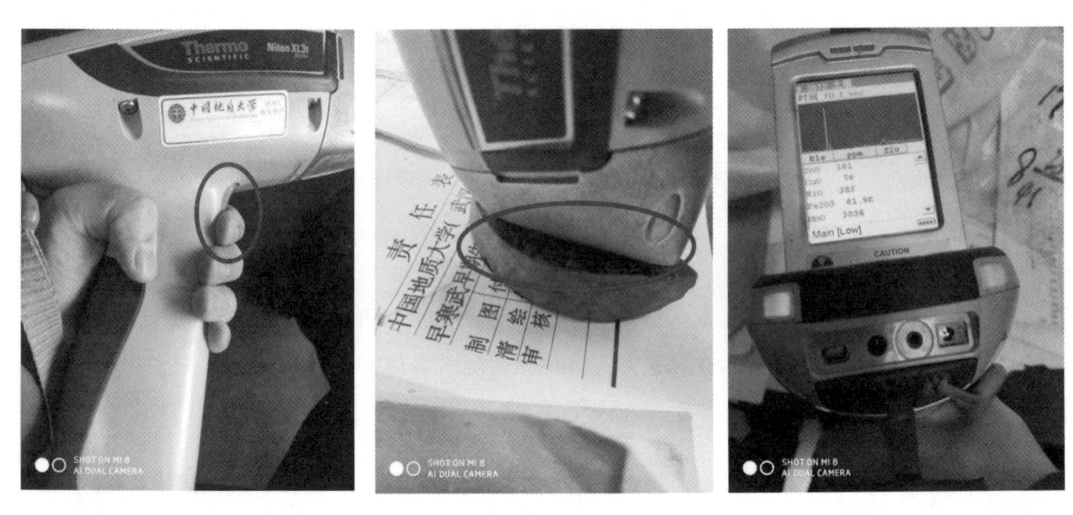

图 2-5-11　手持式元素分析仪样品测试步骤图

9. 查看数据

仪器自动保存每次测试数据，并按先后顺序排列。在数据的左上角有每个数据的顺序号，按“←”“→”方向键可切换顺序号查看数据。具体操作步骤如图 2-5-12 所示。

三、实习内容

1. 实习目的与意义

(1)掌握手持式元素分析仪的使用方法，会使用手持式元素分析仪对岩芯进行系统的测试。

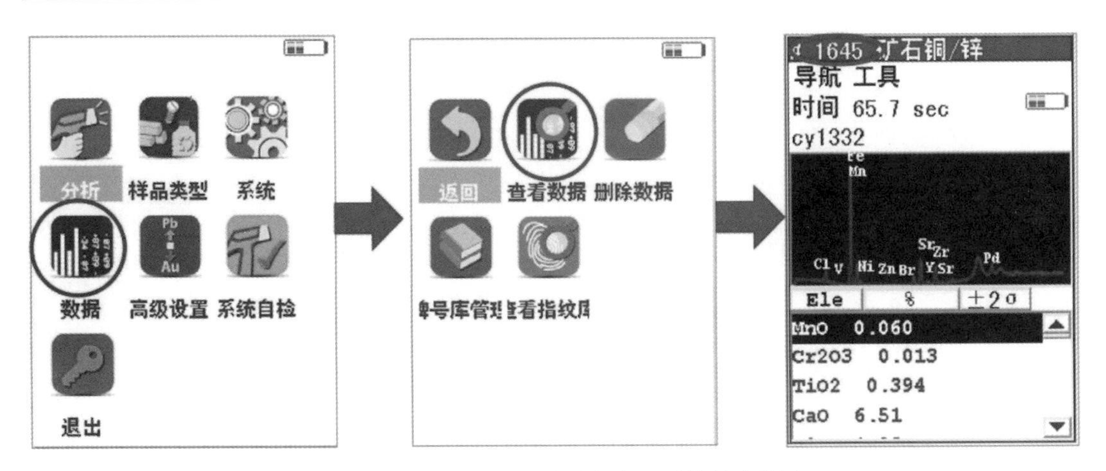

图 2-5-12　手持式元素分析仪查看数据步骤图

(2)了解常用的分析沉积背景(如氧化还原条件)的主量、微量元素地球化学指标,会根据测试结果对岩芯纵向上的沉积背景变化进行初步的分析。

2. 主要实习内容

(1)集体学习手持式元素分析仪的使用方法,了解其工作的基本原理;集体学习测试岩芯的相关介绍。在掌握了使用方法以及对测试岩芯有了基本了解的基础上,以两人为单位分组对岩芯进行系统的测试。

(3)课后查阅文献,了解常用的分析沉积环境的主量、微量元素地球化学指标,如反映氧化还原条件的 U/Th 和 V/Cr 等,反映古盐度的 Sr/Ba 等以及反映古生产力的 Ba、P 等元素。要求知道这些指标的基本原理、判别标准和适用范围。在查阅文献的基础上,结合所测数据,选取合适的地化指标对岩芯纵向上的沉积背景变化进行初步的分析,完成实习报告。

3. 实习步骤

(1)集体学习手持式元素分析仪的使用方法,了解其工作的基本原理。

(2)集体学习测试岩芯的相关介绍。

(3)以两人为单位分组对岩芯进行系统的测试,要求以 10cm 为间隔进行测试。按岩芯的长度平均分配每个小组需测试的岩芯范围。小组中的一人负责选取岩芯测试位置,并计算对应的深度,另一人进行测试。两人需在自己小组的任务完成一般是交换工作,保证每个人都亲手使用过仪器。测试前,可对同一点位选取不同的分析模式分别进行测试,根据测试结果选取测出元素最多的模式进行之后的测试。若某一点位测试出现问题,直接重测即可,不需在仪器上更改测点信息和删除数据。

(4)测试完成后,由实习教师负责将测试数据导出,导出后的数据为 Excel 表格(图 2-5-13)。学生需对数据进行筛选,删除明显存在问题的数据,如测试时间过短的数据。

(5)课后查阅文献,了解常用的分析沉积环境的主量、微量元素地球化学指标。

(6)在查阅文献的基础上,结合所测数据,选取合适的地球化学指标对岩芯纵向上的沉积背景变化进行初步的分析,完成实习报告。

Reading	Time	Type	Duratior	Units	Sequence	Flags	SAMPLE	LOCATION	INSPECT(	COR 1	COR 2	MISC	NOTE	Mo	Mo Error	Zr	Zr Error	Sr	Sr Error	U	U Error	Rb	Rb Error	Th	Th Error	Pb	Pb Err
1	2019-3-6 17:16	Soil	61.7	ppm	Final			0.1						< LOD	5.31	211.15	6.92	87.75	4.29	< LOD	11.39	142.31	6.32	24.5	5.31	29.98	6.
2	2019-3-6 17:14	Soil	62.17	ppm	Final			0.2						< LOD	5.23	218.16	6.92	117.27	4.78	< LOD	10.95	135.6	6.06	20.14	4.99	38.99	7
3	2019-3-6 17:12	Soil	55.26	ppm	Final			0.3						7.67	3.63	200.82	6.86	110.39	4.72	< LOD	10.76	130.14	6.02	20.32	5.06	37.26	7.
4	2019-3-6 17:11	Soil	61.03	ppm	Final			0.4						< LOD	5.26	234.06	7.15	103.06	4.58	< LOD	11.31	143.47	6.32	15.95	4.87	39.16	7.
5	2019-3-6 17:09	Soil	61.35	ppm	Final			0.5						< LOD	5.29	205.86	6.81	110.62	4.68	< LOD	11.1	138	6.14	18.28	4.95	40.73	7.
6	2019-3-6 17:08	Soil	61.24	ppm	Final			0.6						< LOD	5.27	201.27	6.75	82.72	4.13	< LOD	10.73	131.52	6.02	23.46	5.19	34.56	6.
7	2019-3-6 17:06	Soil	60.92	ppm	Final			0.7						< LOD	5.15	194.85	6.59	125.11	4.87	< LOD	10.69	138.54	6.03	17.18	4.79	38.49	7.
8	2019-3-6 17:05	Soil	60.23	ppm	Final			0.82						< LOD	5.31	208.49	6.87	106.66	4.6	< LOD	10.82	129.28	5.96	22.04	5.08	33.11	6.
9	2019-3-6 17:03	Soil	60.88	ppm	Final			0.9						< LOD	5.15	208.2	6.63	80.93	4	< LOD	10.73	139.84	6.04	25.58	5.2	36.45	6.
10	2019-3-6 17:00	Soil	61.36	ppm	Final			1						< LOD	5.2	182.59	6.66	105.04	4.53	< LOD	10.4	127.29	5.84	23.02	5.08	33.28	6.
11	2019-3-6 16:59	Soil	63.57	ppm	Final			1.1						< LOD	5.23	190.66	6.63	88.87	4.24	< LOD	10.53	136.04	6.04	17	4.84	39.76	7.
12	2019-3-6 16:57	Soil	60.51	ppm	Final			1.2						< LOD	5.17	201.02	6.62	135.5	5.03	< LOD	10.91	138.75	6.04	26.04	5.24	40.38	7.
13	2019-3-6 16:55	Soil	60.96	ppm	Final			1.35						< LOD	5.12	161.27	6.52	127.53	4.98	< LOD	10.46	117.52	5.7	14.87	4.68	36.92	7.
14	2019-3-6 16:53	Soil	62.21	ppm	Final			1.45						< LOD	5.27	206.08	6.86	134.55	5.09	< LOD	10.68	140.54	6.13	21.56	5.1	39.66	7.
15	2019-3-6 16:51	Soil	61.06	ppm	Final			1.55						< LOD	4.79	173.07	6.07	124.51	4.65	< LOD	9.48	114.56	5.29	20.55	4.66	32.33	6
16	2019-3-6 16:50	Soil	60.65	ppm	Final			1.65						< LOD	5.18	185.21	6.56	138.49	5.1	< LOD	10.9	135.85	6.01	24.36	5.17	40.36	7
17	2019-3-6 16:48	Soil	60.43	ppm	Final			1.75						< LOD	5.06	180.36	6.51	136.05	5.03	< LOD	10.65	126.13	5.77	19.44	4.83	34.98	6.
18	2019-3-6 16:46	Soil	60.99	ppm	Final			1.85						< LOD	5.19	192.46	6.7	119.05	4.81	< LOD	11.1	136.61	6.09	22.42	5.11	36.95	7
19	2019-3-6 16:45	Soil	55.56	ppm	Final			1.9						< LOD	5.24	219.26	6.74	85.72	4.11	< LOD	11.19	142.15	6.14	23.06	5.11	40.07	7.
20	2019-3-6 16:42	Soil	60.87	ppm	Final			2.1						< LOD	5.3	187.11	7.04	171.86	5.74	< LOD	11.2	146.58	6.3	26.27	5.37	38.61	7.
21	2019-3-6 16:40	Soil	61.59	ppm	Final			2.2						5.46	3.45	193.58	6.61	158.76	5.38	< LOD	10.65	128.03	5.79	21.75	4.95	37.99	6.
22	2019-3-6 16:39	Soil	61.48	ppm	Final			2.3						< LOD	5.13	171.35	6.54	127.41	4.93	< LOD	10.72	131.11	5.92	23.34	5.16	48.98	7.
23	2019-3-6 16:37	Soil	61.27	ppm	Final			2.45						6.21	3.51	214.03	6.85	173.74	5.65	< LOD	10.85	133.78	5.95	22.61	5.03	34.52	6.
24	2019-3-6 16:36	Soil	61.62	ppm	Final			2.55						5.86	3.34	164.98	6.01	107.74	4.44	< LOD	9.76	117.7	5.45	18.84	4.67	31.33	6.
25	2019-3-6 16:34	Soil	61.95	ppm	Final			2.65						5.65	3.54	199.01	6.67	78.53	4.01	< LOD	10.84	132.91	6.01	27.51	5.37	38.3	7.
26	2019-3-6 16:32	Soil	60.46	ppm	Final			2.75						7.23	3.63	202.48	6.92	147.81	5.41	< LOD	11.21	133.2	6.13	17.13	4.9	37.54	7.
27	2019-3-6 16:30	Soil	60.37	ppm	Final			2.8						< LOD	5.2	174.4	6.54	182.74	5.89	< LOD	10.65	123.9	5.84	23.4	5.14	34.77	7.
28	2019-3-6 16:29	Soil	61.04	ppm	Final			2.88						< LOD	5.11	197.04	6.7	173.69	5.64	< LOD	10.6	132.57	5.89	20.54	4.93	39.03	7.
29	2019-3-6 16:26	Soil	60.32	ppm	Final			3.13						6.29	3.49	182.49	6.54	114.02	4.67	< LOD	10.83	146.29	6.18	22.21	5.07	37.75	7.
30	2019-3-6 16:24	Soil	61.07	ppm	Final			3.23						< LOD	5.23	198.21	6.77	153.43	5.38	< LOD	10.89	136.71	6.06	22.09	5.09	40.29	7.
31	2019-3-6 16:23	Soil	60.51	ppm	Final			3.34						6.61	3.69	214.03	7.05	93.31	4.48	< LOD	11.21	142.87	6.4	28.3	5.6	31.74	7.
32	2019-3-6 16:21	Soil	60.73	ppm	Final			3.45						< LOD	5.27	216.26	6.87	83.78	4.17	< LOD	10.94	147	6.33	23.7	5.31	45.89	7.
33	2019-3-6 16:19	Soil	60.12	ppm	Final			3.51						5.85	3.49	180.65	6.59	123.38	4.86	< LOD	10.38	126.86	5.81	22.1	5.01	33.32	6.
34	2019-3-6 16:17	Soil	60.44	ppm	Final			3.6						< LOD	5.49	132.43	6.91	145.18	5.56	< LOD	11.05	126.22	6.15	17.44	5.07	33.22	7
35	2019-3-6 16:16	Soil	60.3	ppm	Final			3.67						< LOD	5.18	204.06	6.64	145.25	5.19	< LOD	10.91	135.16	5.97	22.4	5.03	38.79	7
36	2019-3-6 16:14	Soil	60.7	ppm	Final			3.75						6.68	3.54	194.57	6.85	218.03	6.4	< LOD	10.56	125.76	5.86	26.81	5.31	33.85	6.
37	2019-3-6 16:13	Soil	60.8	ppm	Final			3.86						< LOD	5.27	212.99	6.82	148.81	5.31	< LOD	11.03	136.05	6.05	27.01	5.32	39.96	7.
38	2019-3-6 16:11	Soil	60.14	ppm	Final			3.96						< LOD	5.23	196.71	6.65	120.73	4.84	< LOD	10.75	132.65	5.99	26.09	5.26	33.82	6
39	2019-3-6 16:06	Soil	60.76	ppm	Final			4.1						6.55	3.6	203.74	6.83	110.4	4.7	< LOD	11.16	135.51	6.12	21.81	5.18	46.61	7.
40	2019-3-6 16:05	Soil	60.89	ppm	Final			4.2						8.31	3.65	175.97	6.76	98.02	4.5	< LOD	10.75	128.77	6.02	22	5.17	35.75	7.
41	2019-3-6 16:03	Soil	60.79	ppm	Final			4.3						< LOD	5.38	192.8	7.01	123.21	5	< LOD	11.52	133.09	6.19	21.67	5.21	40.14	7.

图 2-5-13　手持元素分析仪导出的 Excel 数据表格

4. 实习报告要求

实习报告需按照前言、区域地质背景、沉积背景分析、结论和参考文献5个部分进行编写。前言主要包括仪器介绍、完成工作量和分析思路；区域地质背景包括沉积背景和构造背景；沉积背景分析包括氧化还原条件、古盐度、古生产力等；结论主要是对沉积背景分析的总结；参考文献主要是列出查阅的相关文献，引用格式要求统一。

沉积背景分析包括氧化还原条件、古盐度、古生产力等。该部分是报告的主体，需详细编写。每一小节由4个部分组成，分别是原理、图、详细的结果描述以及整体的结论。原理是对所选地化指标的原理的一个概况；图要求使用CorelDRAW绘制，至少要包括地层单元、深度、岩性、所选指标变化曲线等内容(图2-5-14)；结果需详细描述，要求以段为单位进行描述，包括变化范围、平均值以及指示的沉积背景；结论是对指标的整体变化进行总结，指出所指示的沉积背景的整体变化规律。

实习报告以个人为单位进行编写。

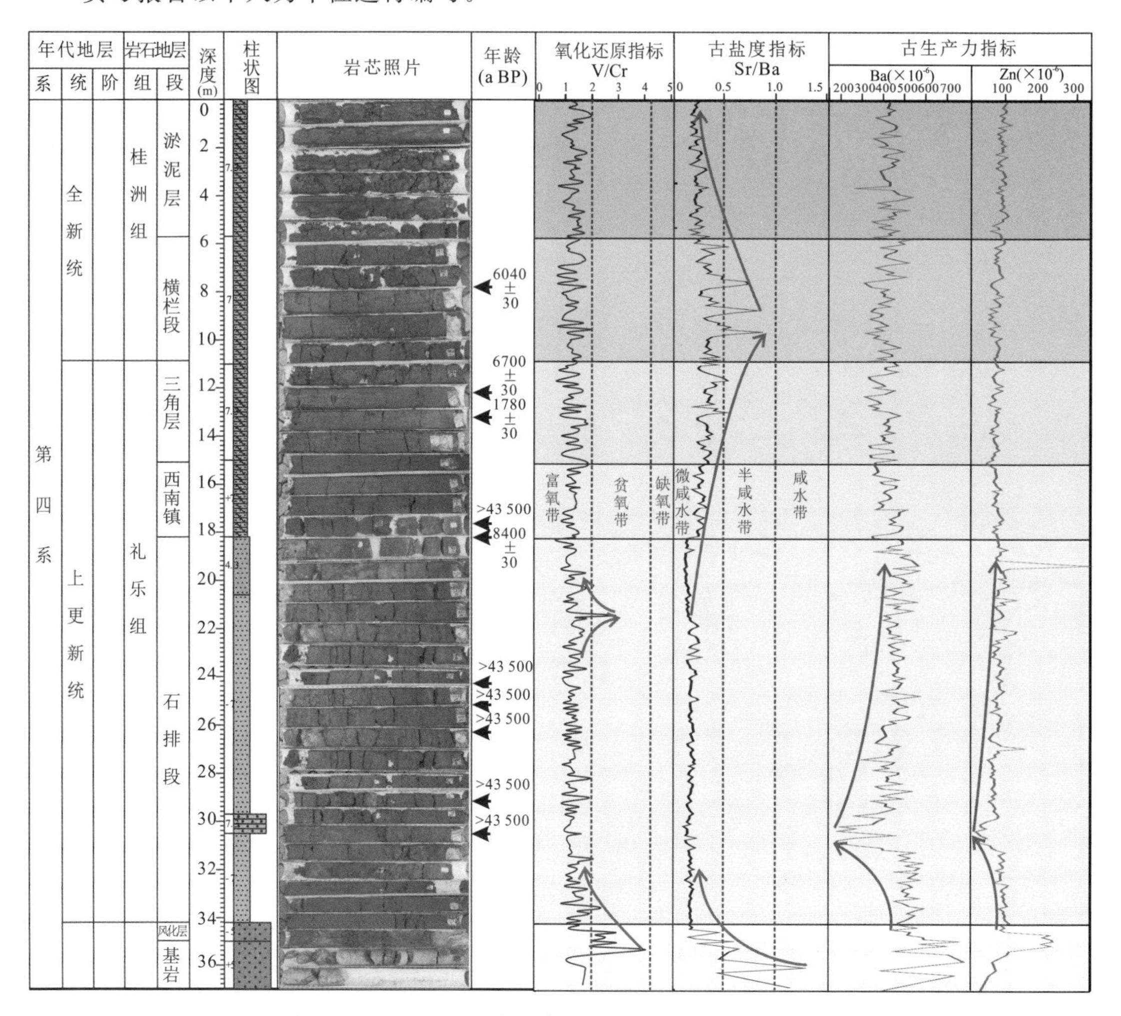

图2-5-14　沉积环境元素指标随深度变化曲线示例图

第三分册

海洋资料综合解释

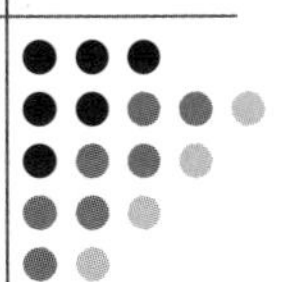

第一部分　地震资料综合解释

一、实习目的

(1)了解三维地震数据解释软件操作及工作流程。

(2)掌握地震数据的特点及解释方法。

(3)深化基础理论知识,锻炼地震地质综合解释技能。

二、实验内容

本部分实习内容共包括四部分:①建立三维地震工区;②三维地震相干体及时间切片制作;③地震层位解释;④地震属性提取。具体操作流程如下。

1. 建立三维地震工区

在Landmark软件主界面"Command Menu"中选择"Data",再点击"Management"找到"Seismic Project Manager",如图3-1-1所示窗口。

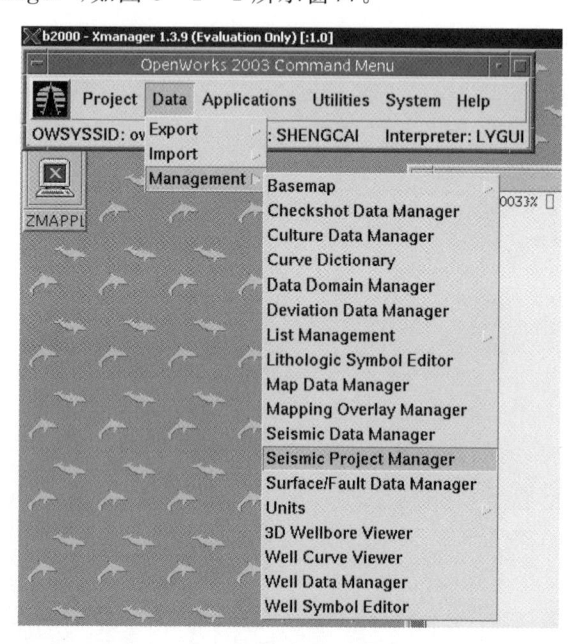

图3-1-1　Landmark软件基本界面

在“Seismic Project Manager”窗口上点击“Project”弹出“Seismic Project Create ”窗口（图 3-1-2）。

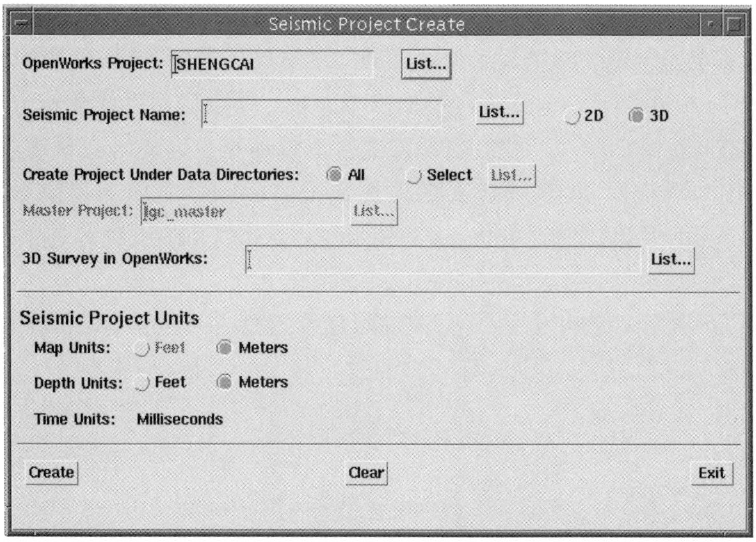

图 3-1-2　新建地震工区步骤示意图

选择对应的“Openworks Project”，输入“Seismic Project Name”，这里以三维地震数据为例，选择“3D”，若是二维地震数据则选择“2D”，在“3D Survey in Openworks”中选择之前建立的“3D Survey”，在“Seismic Project Units”中设置地震工区的单位制，一般可设置为“Meters”，即国际米制；完成以上设置后，点击“Create”，即完成地震工区的新建。

2. 三维地震相干体及时间切片制作

相干体是断层解释的基础，对断层的解释有指导和验证作用，也可以在相干体上直接作断层的解释。相干体及时间切片制作主要分为地震数据的输入、相干体的输出和生成、相干时间切片制作及显示 3 个步骤。

（1）地震数据的输入：在 Landmark 软件主界面“Command Menu”中，点击“Applications”找到“PostsTack/PAL”，点击即可弹出图 3-1-3所示窗口。

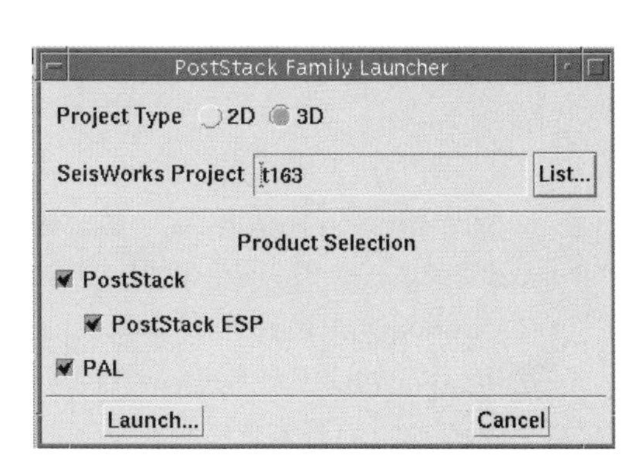

图 3-1-3　地震数据加载界面

在图 3-1-3 所示窗口进行地震数据（以三维地震数据为例）加载前的设置。在“Project Type”处选择“3D”；在“SeisWorks Project”处点击“List”，选择之前所新建的地震工区；在“Product Selection”的选项中，将“PostStack”“PostStack ESP”“PAL”3 个全部勾选；完成上述设置后，点击“Launch”即可弹出图 3-1-4a 所示窗口。在图 3-1-4a 所示窗口中，单击“Input Data”弹出图 3-1-4b 所示窗口。勾选“SeisWorks Seismic”后点击“Parameters”，弹出图 3-1-4c 所示窗口，进行地震数据加载前的各种参数设置。

在图 3-1-4c 所示窗口中进行输入数据的参数设置。首先，在“Input File”处点击“List”，选择数据类型“mig 3dv”（表示偏移后的三维地震数据）；然后，在“Input Direction”处分别点亮“Vertical File”与“Lines”后，在“Areal Extent”处会自动生成所输入地震数据的线道号范围与线道间距，一般不做更改，但如需要对三维地震数据体进行压缩与稀疏，可手动调节线道号范围与线道间距，获得需要的地震数据体；最后，完成上述设置后点亮“Limit Maximum Time:4000”（只作 0～4000ms 的相干体），点击“OK”，此时地震数据已经输入。

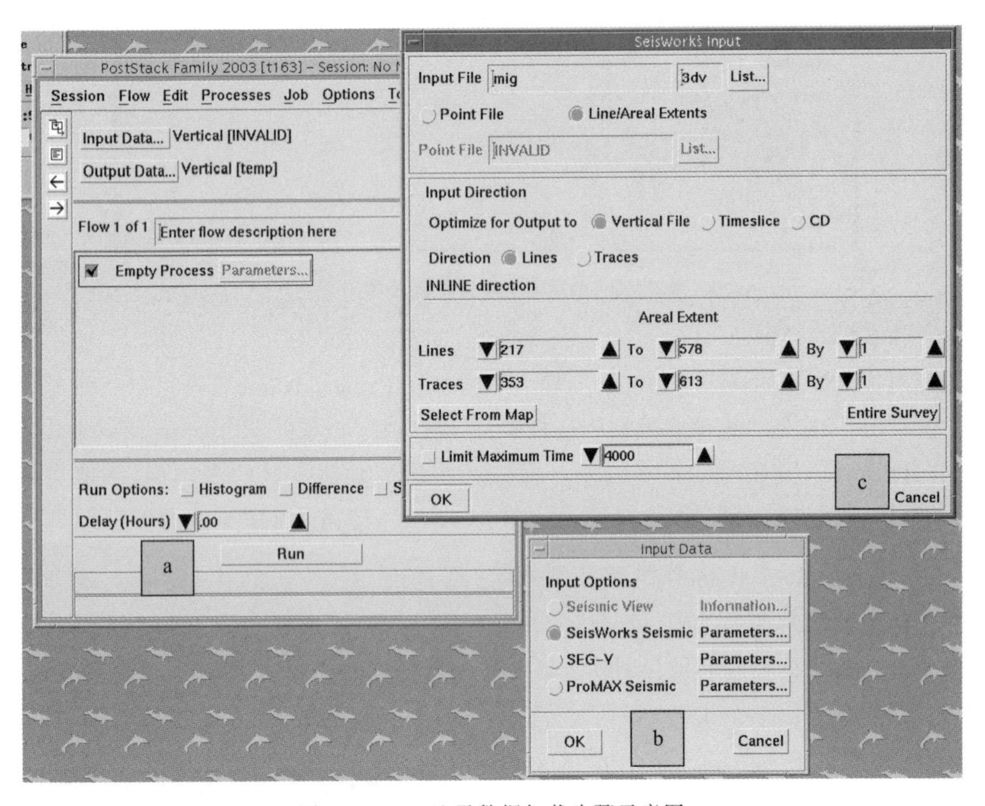

图 3-1-4　地震数据加载步骤示意图

(2)制作相干体：完成地震数据的输入后，点击“Output Data”（图 3-1-5a）→点亮“Bricked”（图 3-1-5b）→单击“Parameters”，即弹出图 3-1-5c 所示窗口。

在“Bricked File Parameters”窗口（图 3-1-5c）进行输出数据的各种参数设置。

在“Output File”处点击 List 进行数据，在“Output Mode”处点亮“Create New File”，新建一个数据文件，一般不点亮“Merge with Existing File”，与现有的数据混合。

在“Data Selection Parameters”选择地震数据的起止双程旅行时间（时间域数据在地震

剖面上显示为时间，以毫秒为单位；深度域数据显示为深度，以米为单位）调节地震数据的深度范围，如无特殊需要，一般不做更改；默认显示整个地震数据。

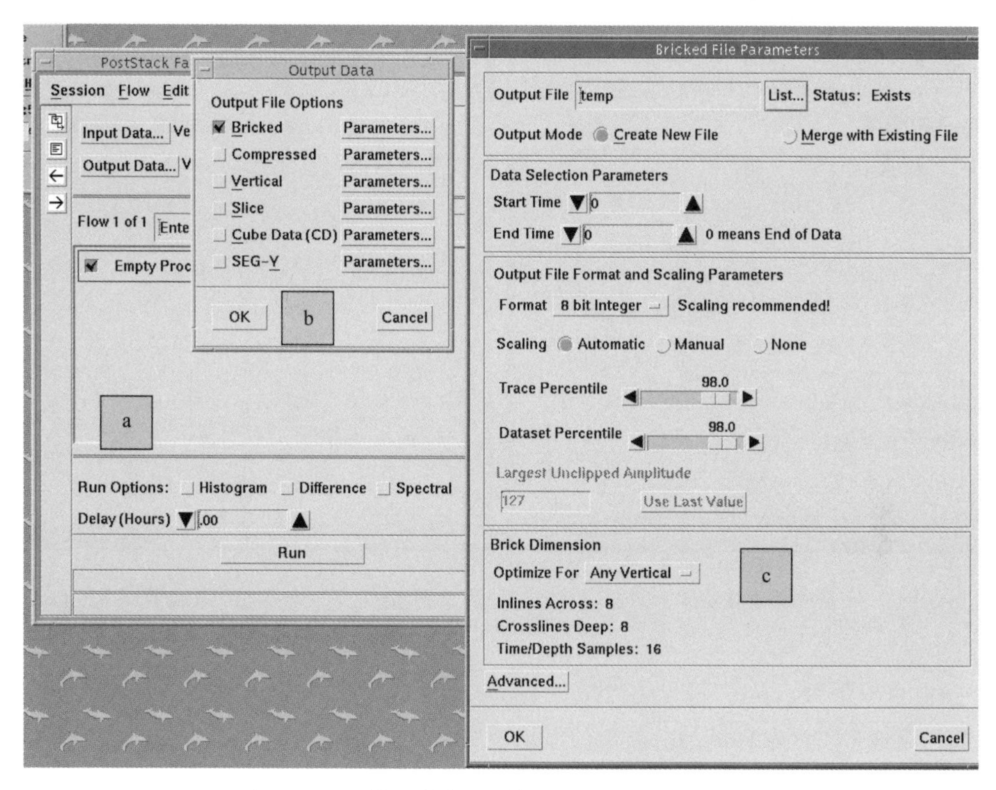

图 3-1-5　输出制作相干体的地震数据步骤示意图

在“Output File Format and Scalling Parameters”进行3种参数设置。首先，在“Format”处选择输出数据的格式，如图中所示“8 bie Integer”型数据，如内存充足可选择32位的数据；其次，选择“Scalling”，即缩放比例，一般点亮“Automatic”即可，点亮后“Trace Percentile”与“Data Percentile”会根据数据自动调节；最后，完成上述参数设置后，点击“OK”，完成用于制作相干体的地震数据输出。

制作相干体是一种对地震数据进行的数据处理，完成用于制作相干体的地震数据输出后，开始对地震数据体进行相干处理，制作相干体。步骤如下：依次点击“Processes”→“PostStack ESP”→“ESP 3D”(图 3-1-6)；流程栏中将会出现“ESP 3D”(图 3-1-7)；点击“Run”，完成相干体的制作。

(3)相干时间切片制作及显示：完成相干体的制作后，对其进行时间切片及切片显示，可分为如下几个步骤。

①设置地震工区解释员、井、断层的选择显示。依次点击“Command Menu”→“Applications”→“SeisWorks”→“3D”，出现图 3-1-8 所示的“SeisWorks 2003”解释窗口；在图

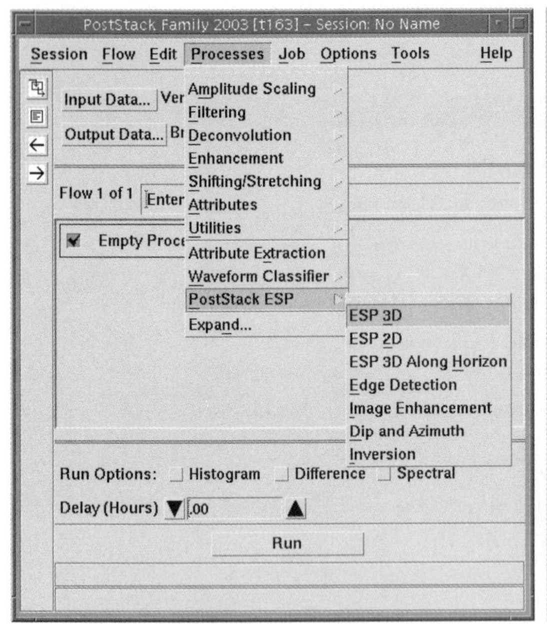

图 3-1-6 制作相干体步骤示意图(一)

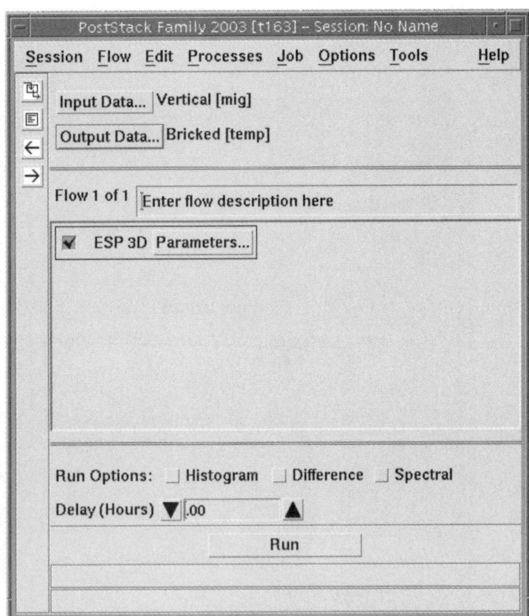

图 3-1-7 制作相干体步骤示意图(二)

3-1-8窗口点击“Session”再点击“New”，选择解释员、井、断层，如图 3-1-8 所示；点击“OK”，完成地震工区解释员、井、断层的显示设置。

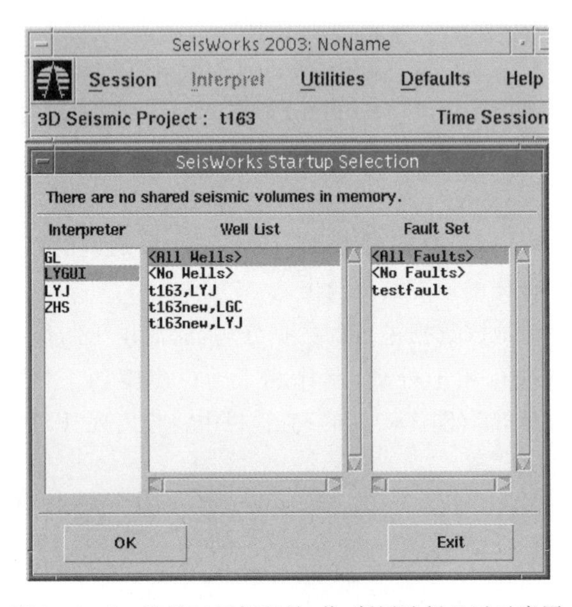

图 3-1-8 地震工区解释员、井、断层选择显示示意图

②地震工区底图的显示。完成步骤①几秒钟后，窗口中的 Interpret 命令变成黑色，点击“Interpret”→“Seismic”（弹出显示窗口）；点击“Interpret”→“Map”（弹出底图窗口）（图 3－1－9）。

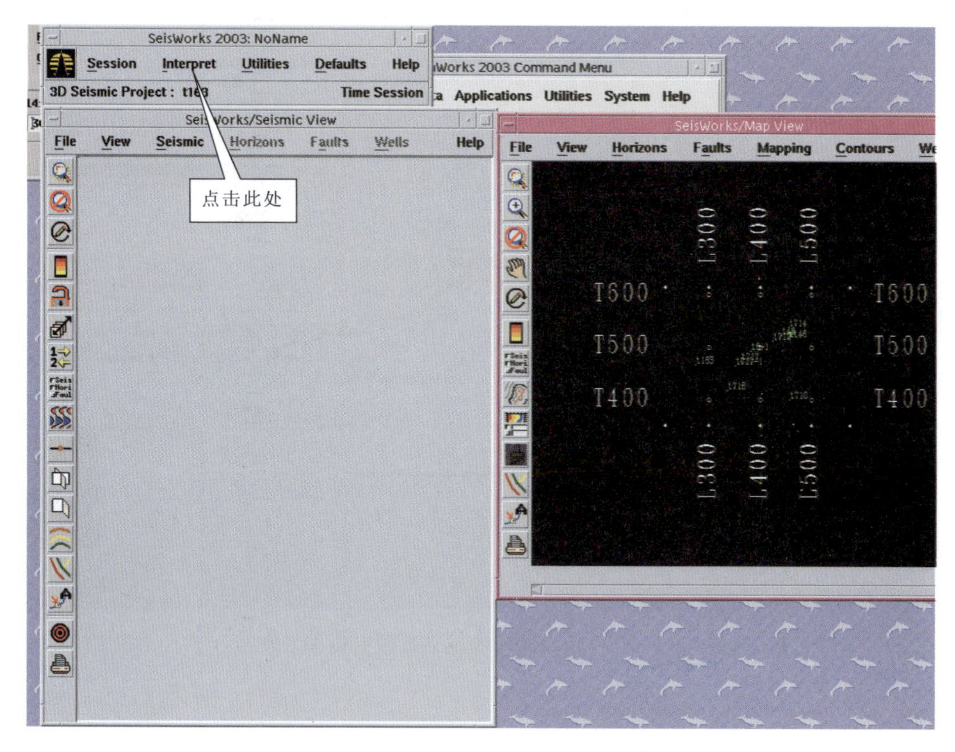

图 3－1－9　地震工区底图显示示意图

③选择制作的相干体数据。操作流程如图 3－1－10 所示。在地震工区底图的“Seismic View”窗口中点击图 3－1－10 所示命令菜单中的 ，弹出“Seismic Disply Paramerers”窗口，在第一项“Seismic Files”列表中选择之前制作完成相干数据；点击“OK”，完成相干体数据的选择。注意：图 3－1－10 为地震数据属性调节窗口，还可以在该窗口改变地震数据体的显示比例、模式等。

④对相干体进行时间切片。依次点击“View”窗口中的“Seismic”→“Select from Map”→“Time Slice”，对相干体进行时间切片，如图 3－1－11 所示。

⑤显示相干体时间切片。完成步骤④之后，将鼠标移至地震工区底图“Map”窗口中，在底图上点击鼠标左键，拖动鼠标，此时形成一个白色矩形框，确定解释的范围；确定范围后点击鼠标右键结束，矩形框变为黄色（图 3－1－12）；选择所要显示的时间（或深度）后点击“OK”，即完成相干体时间切片的显示，显示结果如图 3－1－13 所示。

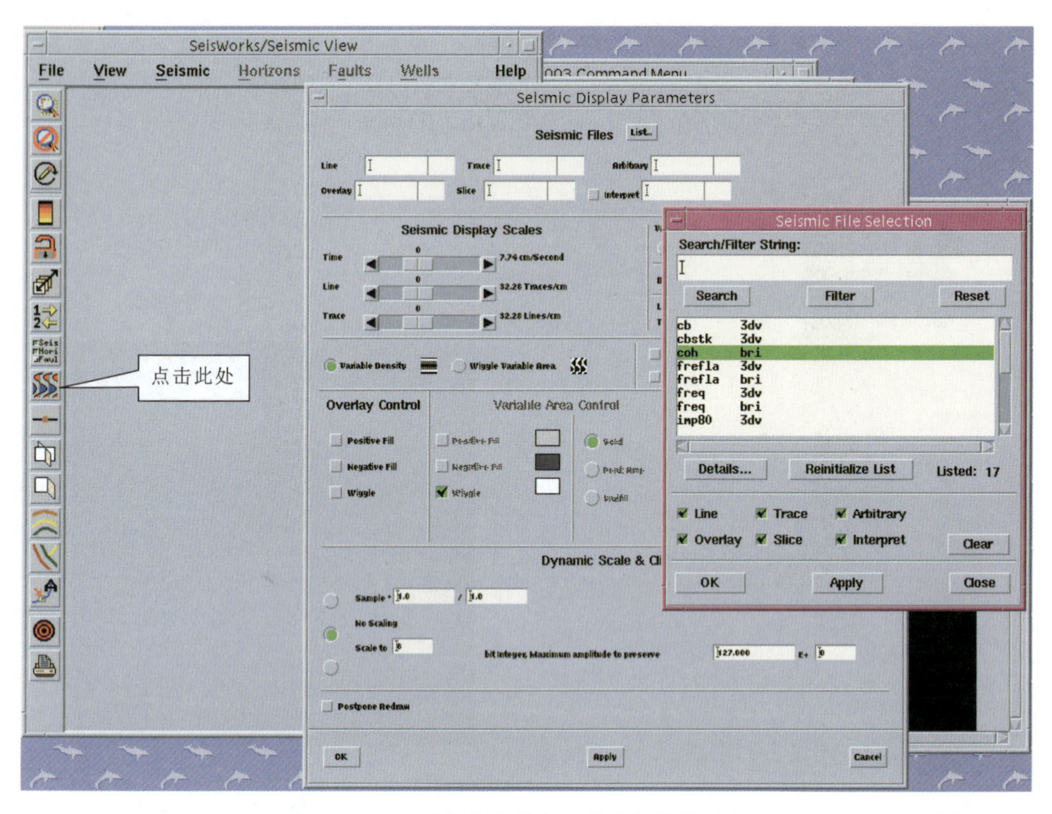

图 3-1-10 选择制作的相干体数据操作示意图

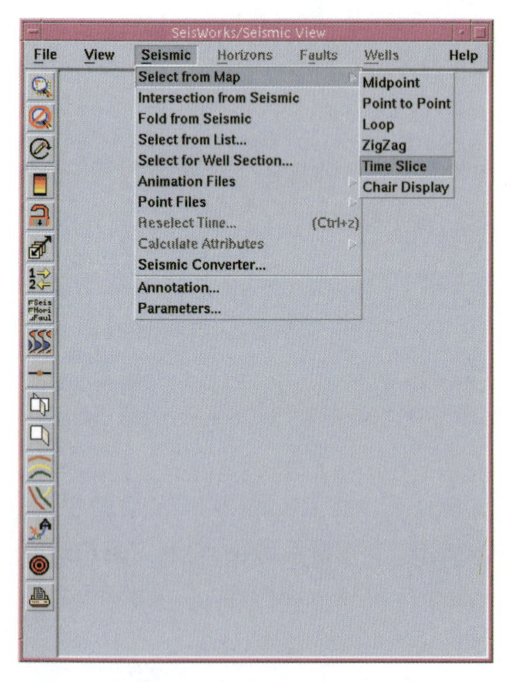

图 3-1-11 时间切片制作示意图

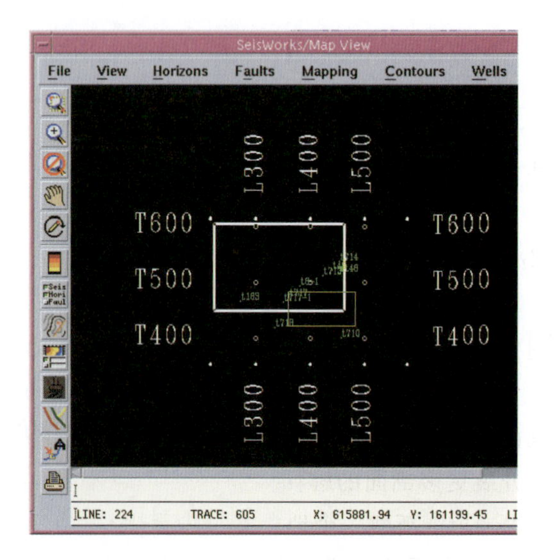

图 3-1-12 时间切片范围选择示意图

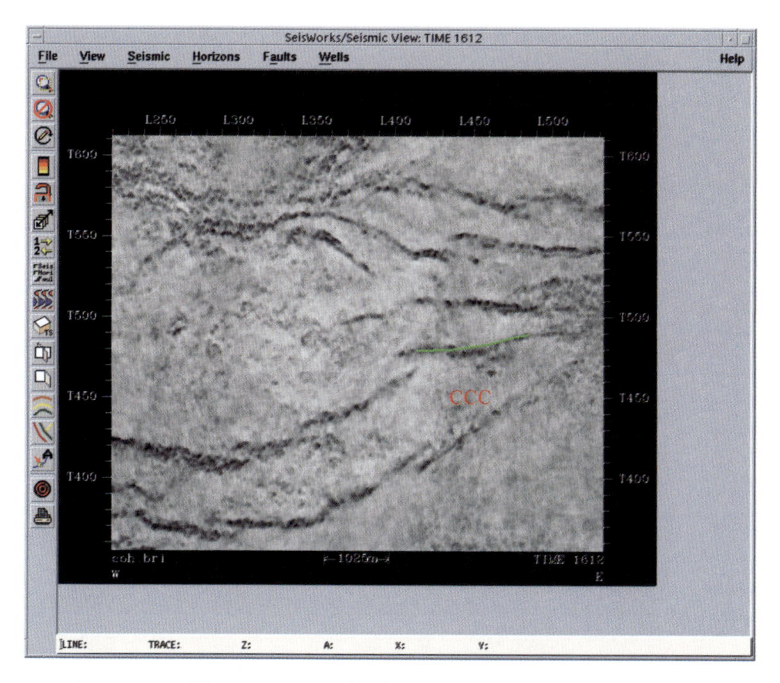

图 3－1－13　时间切片显示结果示意图

3. 地震层位解释

地震层位解释是 Landmark 软件的最主要功能，思路为：在断层解释完以后，先拉一条工区的连井剖面，找一条全区可追踪的强反射轴（如 T0）并进行追踪；从井上标定的地层界面进行连井的追踪，并进行大框架横向和纵向的对比，建立大的地层格架；最后进行逐步的细化闭合。注意：该部分内容与“2. 相干体及时间切片制作”部分操作内容相同。

（1）建立连井剖面：建立连井剖面的操作可分为如下 3 个步骤。

①设置地震工区解释员、井、断层的选择显示。依次点击“Command Menu”→“Applications”→“SeisWorks”→“3D”，出现图3－1－8所示的“SeisWorks 2003”解释窗口；点击“Session”中的“New”，选择解释员、井、断层（见图 3－1－8）；点击“OK”，完成地震工区解释员、井、断层的显示设置。

②显示地震工区底图。完成步骤①几秒钟后，窗口中的 Interpret 命令变成黑色，点击“Interpret”→“Seismic”弹出显示窗口→“Map”弹出底图窗口（图 3－1－9）。

③建立并显示连井剖面。在图 3－1－9 所示的地震工区底图上拉一条连井线，建立如图 3－1－14 所示的连井剖面；然后右键选择“Display”，在“Seismic”窗口显示此连井剖面。

（2）追踪地层层位：从井上标定的主要地质层位进行连井层位追踪。这个层位在各条与剖面相交的剖面上将会显示一个圆圈或圆点（相交点的投影），以这些圆圈或圆点为参考，逐渐开展更多剖面的解释。进行地层层位追踪的操作步骤为：依次点击“Horizons”→“Select”→“Creat”，新建一个地层层位名称（图 3－1－15），并对该地层层位追踪，如图 3－1－16 中黄线所示；如果要完成一个层位三维空间上的解释，需要对追踪的地层层位在更多的剖面上进行解释、闭合。

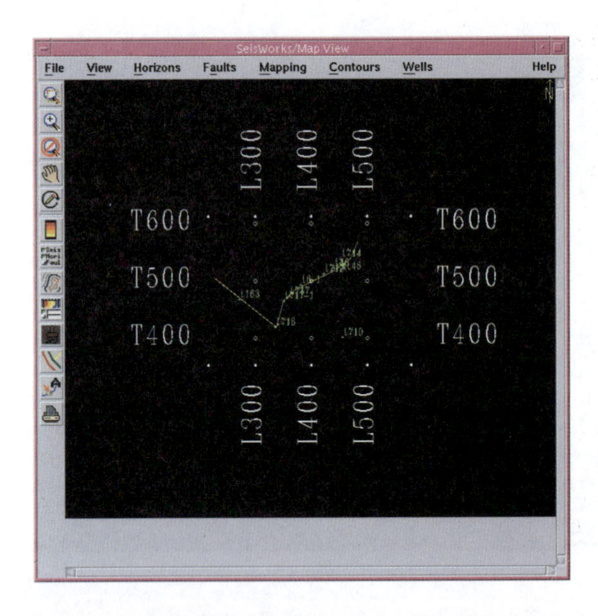

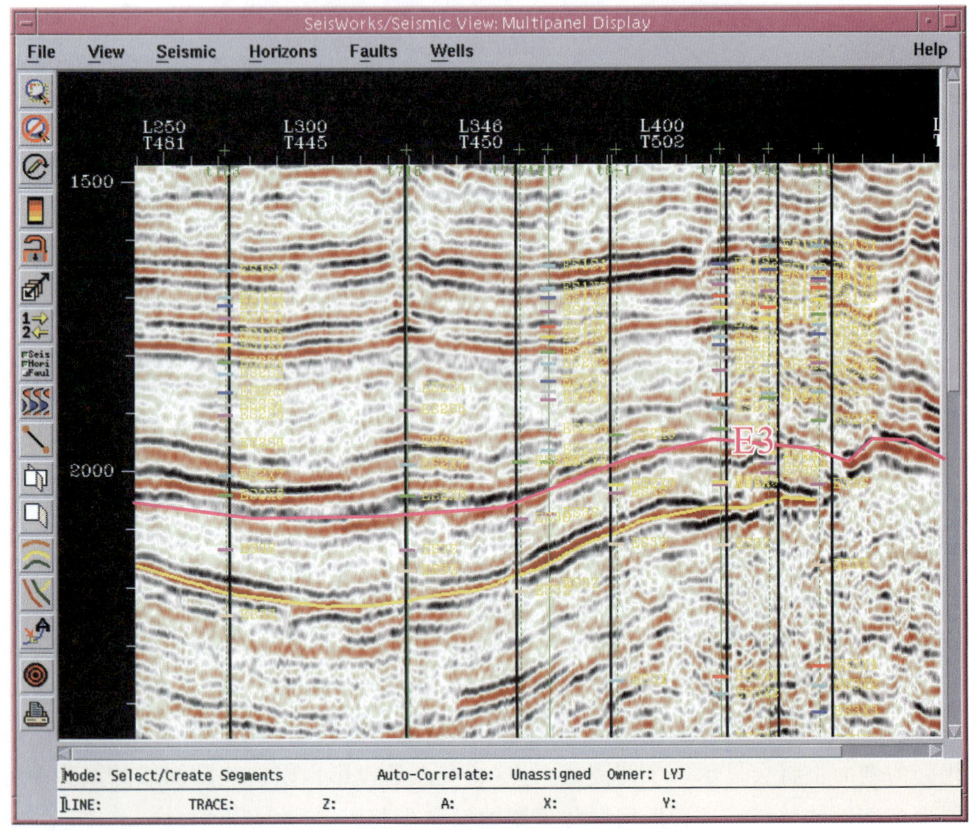

图 3-1-14　连井剖面制作及显示示意图

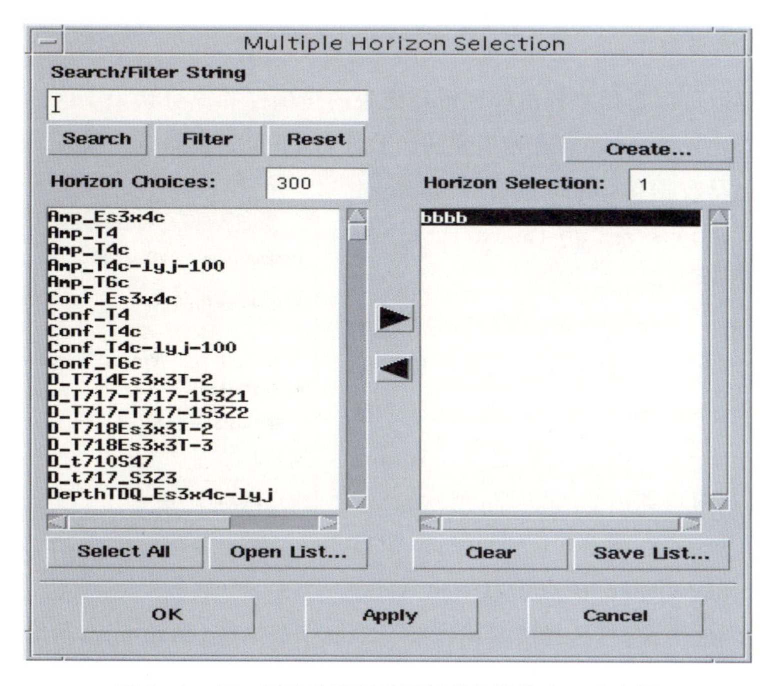

图 3-1-15 创建及选择需要解释的层位窗口示意图

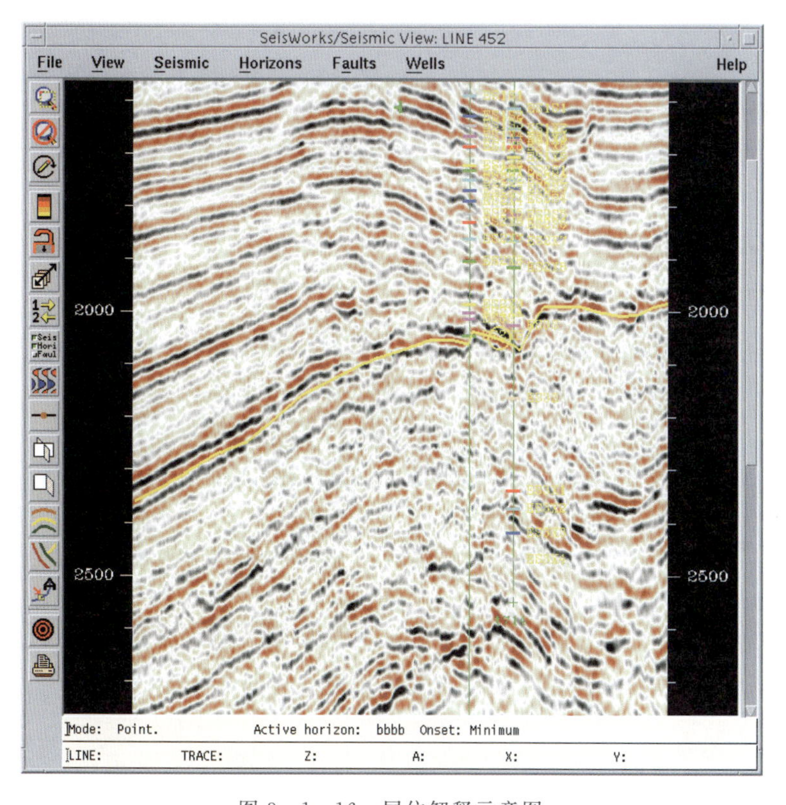

图 3-1-16 层位解释示意图

4. 地震属性提取

地震属性提取可以帮助解释员验证解释结果的正确性和充分认识工区的地质情况。地震属性提取工作比较繁杂，并具有相当强的经验性，这里也只做简单介绍。

(1)选择地震数据体：依次点击“Command Menu”→“Applications”→“PostStack/PAL”，弹出图 3-1-17 所示窗口。

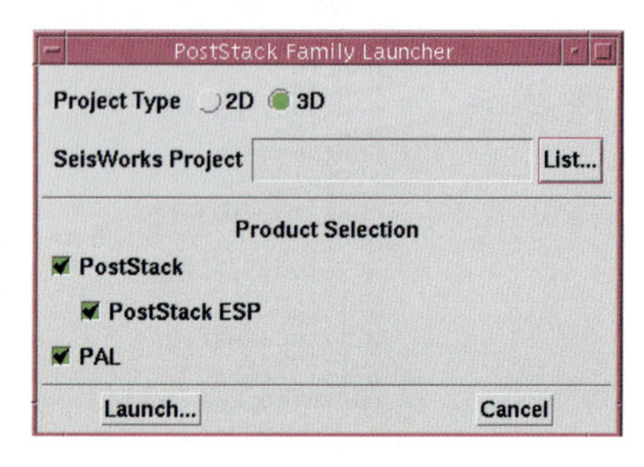

图 3-1-17 选择地震工区界面示意图

在“Project Type”中选择“3D”；在“SeisWorks Project”处点击“List”，选择所建立的地震工区；在“Product Selection”的选项中，选择所有项，如图 3-1-17 所示；完成上述设置后点击“Launch”，弹出窗口如图 3-1-18a 所示。

点击“Input Data”在图 3-1-18b 所示窗口中选择“SeisWorks Seismic”中点击“Parameters”进入图3-1-18c 所示窗口，选择所要输入的三维地震数据体(例如 mig，其他各项可用默认设置)；点击“OK”，完成用于属性提取的地震数据的选择。注意：进行属性提取时，可将“Output Data”设为空。

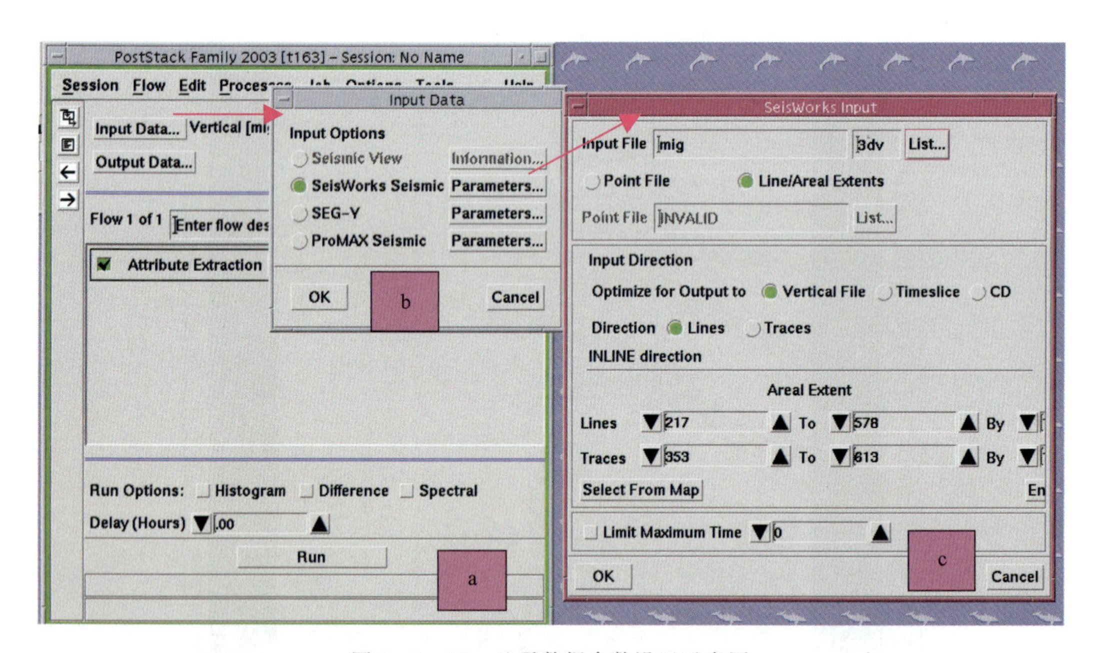

图 3-1-18 地震数据参数设置示意图

(2)属性选择：先点击“Processes”再点击“Attribute Extractiont”，如图 3-1-19 所示。在图 3-1-20a 所示窗口上点击“Attribute Extraction”中的“Parameters”，进行属性的

选择。按需求选择图 3-1-20b 所示窗口中"Attribute Selection"列出的属性类型项，以及各属性类型项后"Options"列出的各种属性；在"Output Horizon Prefix"中键入输出层位的名称（任意），如图 3-1-20 所示；完成上述操作后依次点击图 3-1-20c 所示窗口中的"OK"，再点击图 3-1-20b 中的"OK"，最后点击图 3-1-20a 中的"Run"，完成所需的地震属性提取。

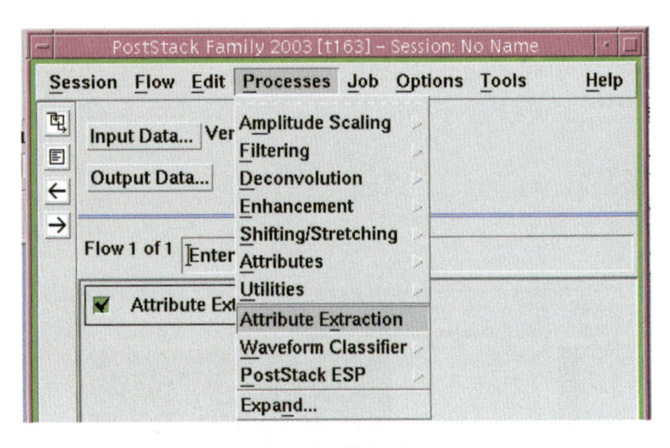

图 3-1-19　地震属性提取界面示意图

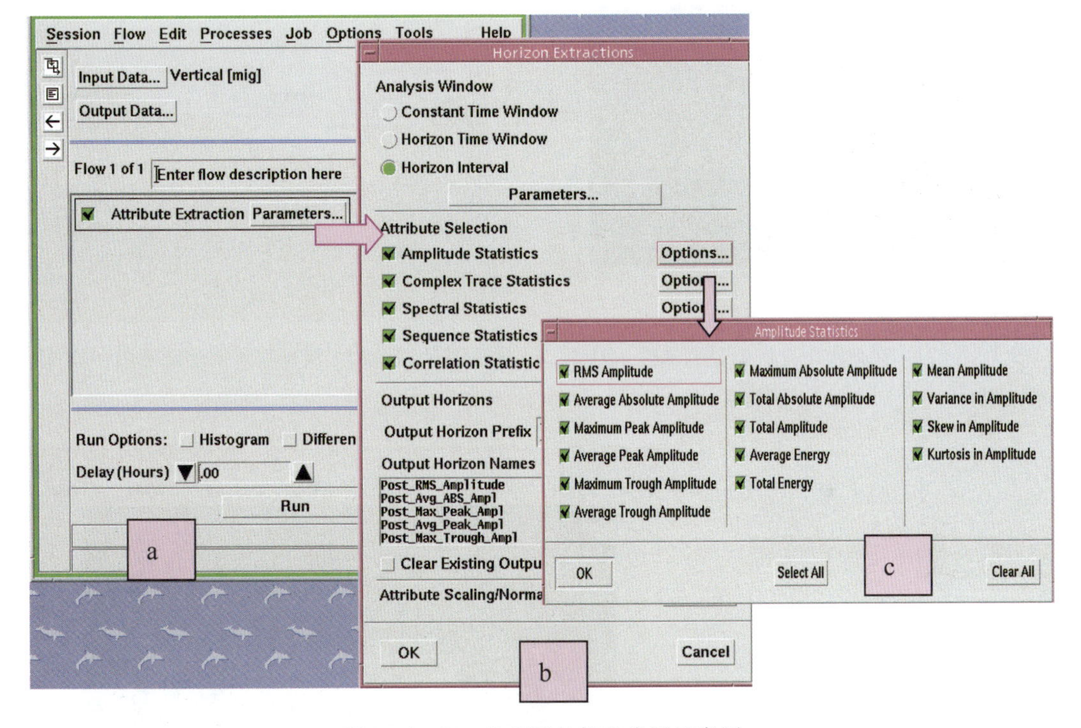

图 3-1-20　地震属性提取步骤示意图

（3）显示、编辑属性：属性生成之后以层位的形式存在。进入"SeisWorks/Map View"窗口，点击"View"后再点击"Contents"，如图 3-1-21 所示。在弹出的"Map View Contents"窗口（图 3-1-22）下方的"Horizons"中点击"List"，弹出图 3-1-23 所示窗口在层列表中选择上一步所提取的属性，最后点击"OK"（图 3-1-23），完成地震属性在地震工区底图上的显示，属性显示结果如图 3-1-24 所示。

注意：可在"Map View Contents"窗口选择其他所要显示的内容。可直接在"SeisWorks/Map View"窗口中对其进行编辑，也可将属性数据（相当于层位数据）输出，在其他程序如 Z-MapPlus 中进行编辑，这里将不做详细介绍。

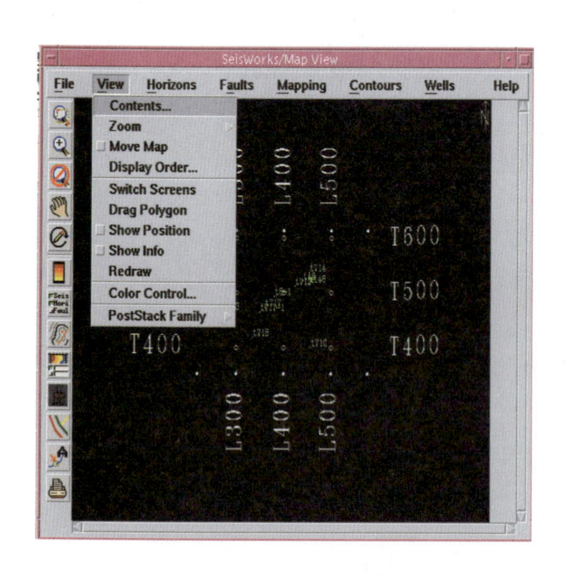

图 3-1-21　在地震工区底图显示属性示意图

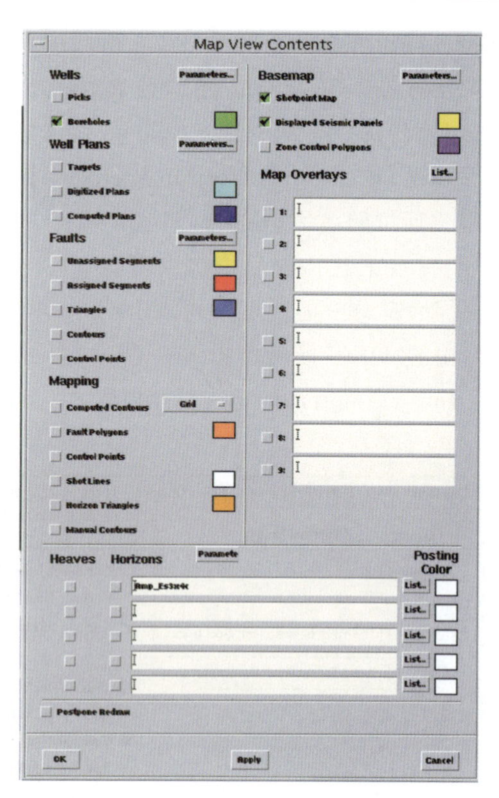

图 3-1-22　属性显示步骤示意图(一)

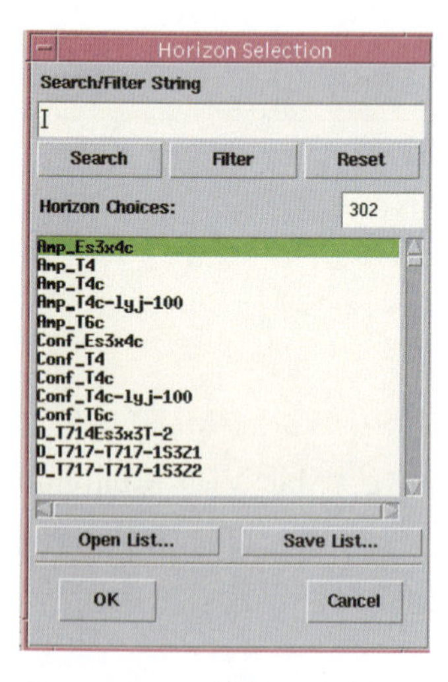

图 3-1-23　属性显示步骤示意图(二)

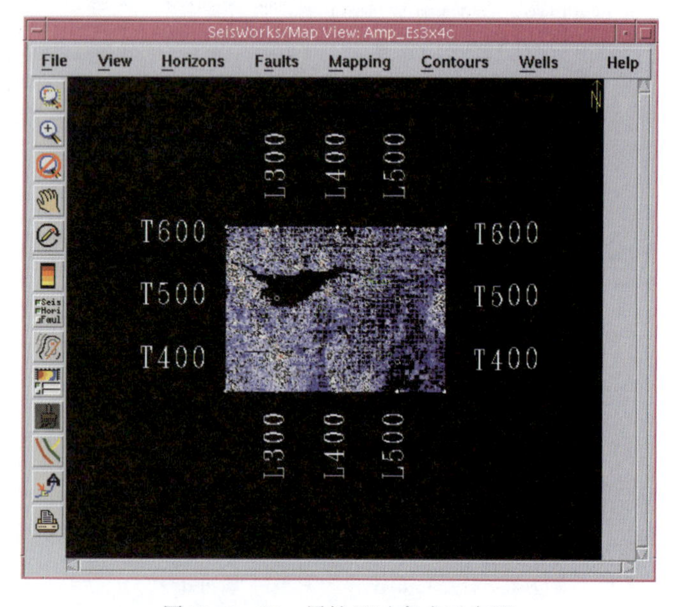

图 3-1-24　属性显示完成示意图

三、工作站常用命令

(1)pwd　显示当前目录

(2)cd　改变当前目录

cd..

cd /home/users/jason1

(3)ls　列出当前目录下的文件目录和文件

选项:-l　长格式列出

-a　列出所有的文件和目录,包括隐含文件

例如:

ls

ls -al

(4)mkdir　在当前目录下定义文件目录

mkdir sd_data

ls -al

drwxr-xr-x jason1 jason1 512 Apr 14 08:25 sd_data

-rw-r--r-- jason1 jason1 33 Apr 14 08:25 well. las

(5)chmod　更改文件或目录的存取权限

chmod 777 sd_data

或

chmod ugo+rwx sd_data

(6)cp　拷贝文件或目录

cp file1 file2　将 file1 拷贝到 file2

cp -r sd_data sd_dir　将 sd_data 拷贝到 sd_dir

(7)rm　删除文件或目录

rm file2

rm -r sd_dir

(8)mv　更改文件名

rm file2 newname

(9)find　查找文件

find dir -name filename -print

如:find /home/users -name "c*. txt" -print

(10)ps　显示当前进程

ps -ef

其中,UID 为用户名,PID 为进程号,PPID 为父进程,C 为与 CPU 占用时间有关的参

数,STIME 为进程开始的时间,TTY 为与进程有关的终端,CMD 为命令名及参数。

(11)kill　删除进程

kill -9　进程号(PID)

(12)du　查看文件或目录所占用的磁盘空间

du -k(以 kB 为单位显示)

(13)df　查看文件系统所占用的磁盘空间

df -k(以 kB 为单位显示)

显示格式

filesystem	kbytes	used	avail capacity	mounted on
文件系统名	分配大小	已用多少	还余多少	挂接点

(14)tar　文件或目录备份

tar -cvf name. tar name (将 name 备份到 name. tar 中)

tar -xvf name. tar (将 name. tar 恢复到当前目录下)

tar -cvf /dev/rmt/0 name (将 name 备份到磁带上)

(15)su　进入超级用

su Root

passwd :超级用户口令

exit 退出超级用户

(16)chown　更改文件或目录属主

chown [-R] owner file [directory]

(17)chgrp　更改文件或目录属组

chgrp [-R] group file [directory]

(18)hostname　查询机器名

hostname

如:dell390a

(19)more　查阅文本文件

more file

(20)vi　编辑文本文件

vi file

(21)setenv　设置环境变量(大写)

setenv　DISPLAY 10. 10. 10. 118:0

第二部分　钻测井资料综合解释

测井资料和测井技术是开展地质研究工作的重要基础资料与技术手段。测井资料综合解释，即以地质学和岩石物理学的基本理论为指导，综合运用各种测井资料和信息，来解决地层学、沉积学、石油地质学、海洋地质学研究中面临的各种地质问题。这对地球科学基础研究、矿产资源勘查、地质工程设计及监测均具有重要的意义。

一、实习软件简介

全互动多井精细解释系统（简称 SinoLog Pro）为一个按照多井精细解释现行工作方式设计的实用研究平台。该平台集数据管理与分析、测井曲线标准化、单井综合分析、参数解释图版及判别式的生成、模型解释功能为一体，在成果图版、综合解释数据表，以及单井、剖面、平面图等成果图件间可以建立全方位的关联互动，从而为参数调整与研究结果的交互验证提供了极大方便。此外，SinoLog Pro 软件为基于 ResForm 构架开发的，因此该软件具备良好的图件兼容性以及一致的操作风格，有利于资料交流和软件的快速掌握。

SinoLog Pro 软件的基本界面如图 3－2－1 所示。工作区域是显示和编辑各种文档、图版的区域。任务窗格包括“开始工作”与“测井解释主页”两个页面，在编辑文档时，任务窗格还可以显示当前对象的各种属性。

SinoLog Pro 软件的主要功能模块都位于“测井解释主页”上，具体包括 7 个模块。

（1）配置模块：①定义井模板；②定义绘图符号、分层等工区公共资源。

（2）测井解释图模块：①管理测井解释图；②提供强大的批处理功能，支持批量应用模板、批量提交数据、批量处理测井资料等。

（3）曲线标准化文档模块：提供了完备的测井曲线标准化处理解决方案。

（4）图版与公式模块：包括参数解释图版与公式管理器，可编辑各种拟合图版、岩性判别图版、油气水判别图版，并生成判别公式。

（5）解释成果数据表模块：管理测井解释成果数据，可灵活定义表结构，具有强大的表格编辑和数据分析功能。

（6）参考文档模块：加载单井图等各种图件。由于要进行数据的分析和研究，测井解释图中单井图是唯一的，如果有其他不同的版本，可加载到参考文档里。

（7）基础数据模块：加载和管理井位数据、测井曲线、取芯和分析化验数据以及试油数据等。该模块具有强大的表格编辑功能，还可以同时制作多种统计图表。

图 3-2-1 SinoLog Pro 软件基本界面

二、实习目的和要求

1. 实习目的

(1)了解利用测井资料和信息进行沉积学研究的基本方法和流程。

(2)了解实习工区的地质背景和研究概况。

(3)了解 SinoLog Pro 测井资料解释软件的基本功能,掌握运用 SinoLog Pro 软件进行测井资料处理、分析与制图的方法和流程。本次实习参考了西安卡奔软件开发有限责任公司的《全互动多井精细解释系统》使用指南(SinoLog Pro)以及西安海卓石油信息技术有限公司基于 ResForm 构架的《地质研究工作室》使用指南。

(4)掌握测井资料解释成果图件的分析,获得对研究区沉积体系分布特征的认识。

2. 实习要求

(1)利用 SinoLog Pro 测井资料解释软件建立研究工区,输入测井资料和数据,检查资料的品质。

(2)结合研究工区地质背景以及沉积学、测井地质学等相关理论知识,编绘单井综合分析图。图件要素包括岩性解释,测井相解释,沉积微相、沉积亚相和沉积相的识别。

(3)基于单井综合解释图件,编绘连井剖面对比图,分析沉积体系的空间展布特征。

(4)总结研究工区典型测井相特征,编绘代表性沉积体系的测井相解释图版。

(5)查阅相关文献,结合研究工区测井资料解释成果图件的分析,编写实习报告。

三、实习内容

1. 新建工区

在开始实习工作前，需要针对研究区域搭建一个工作环境，即新建一个工区。新建工区步骤如图 3-2-2 所示。

（1）单击任务窗格中的“新建工区”，在弹出的对话框中再选择“全互动多井精细解释系统”。

（2）根据系统提示，选择工区类型及填写“工区名称”等基本信息，选择创建位置等。

（3）根据系统提示“下一步”创建工作，最后单击“完成”按钮，完成工区创建工作。

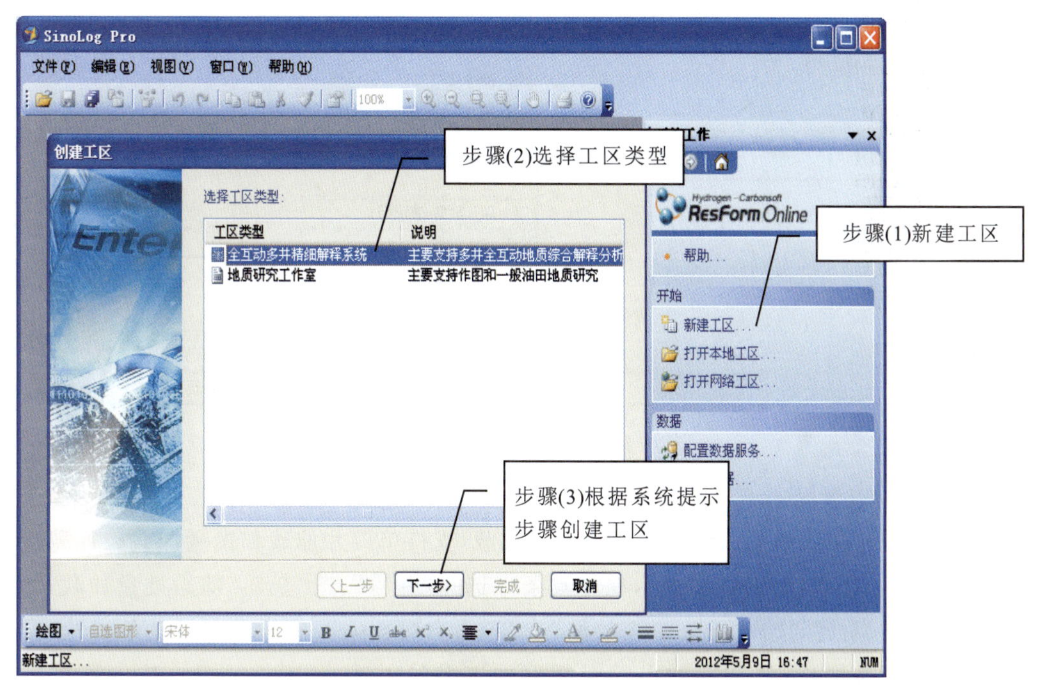

图 3-2-2　新建工区基本步骤示意图

2. 测井资料加载

SinoLog Pro 软件中，基础数据模块统一管理井位数据、测井曲线、岩芯、试油、分析化验等研究数据。基础数据的加载与整理是各项工作的前提，SinoLog Pro 软件提供了非常完备的数据录入、管理功能，操作方式也非常简单、灵活。

每种数据均支持导入与粘贴两种加载方式。导入数据时，单击窗口上方“导入数据(表通用)”按钮；粘贴数据时，在数据显示区域内按下鼠标右键，选择“粘贴”命令即可。下面以井信息和测井曲线为例，介绍测井资料的加载方法和流程。

(1)加载井信息。井位数据的加载流程如图 3-2-3 所示,选中“井位数据表”,在数据编辑窗口点击鼠标右键,选择“导入数据(表通用)”,在弹出的对话框中按照系统提示加载即可。需要说明的是,单击“*”可新建一口井;双击数据表左侧蓝色序号区域,在弹出的编辑对话框中可编辑该行数据。

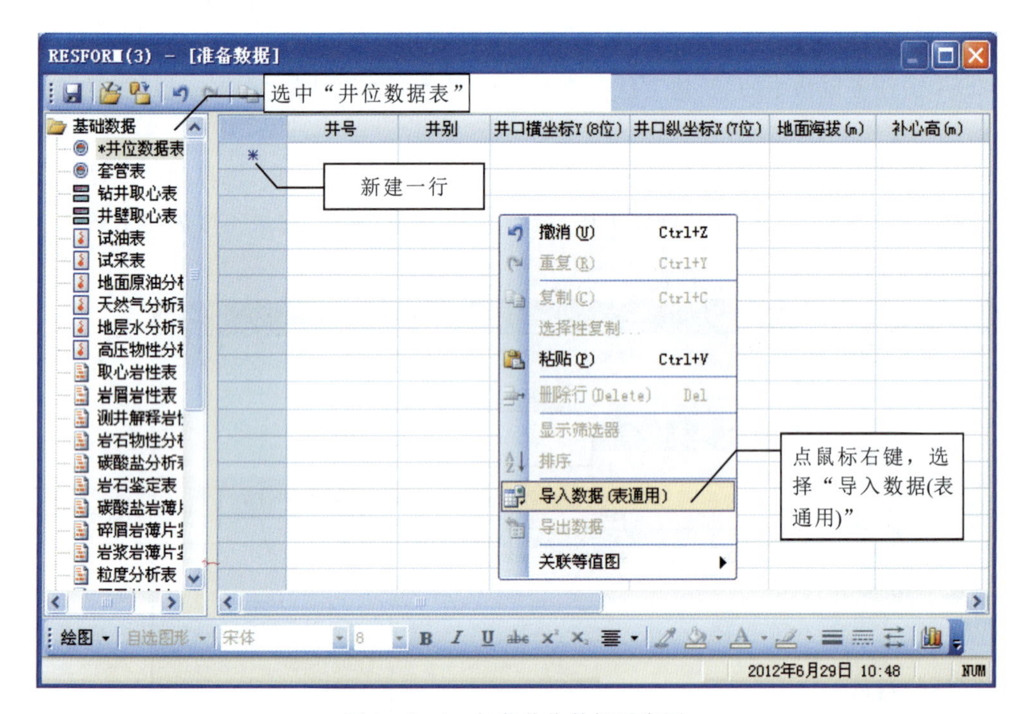

图 3-2-3 加载井位数据示意图

(2)加载测井曲线数据。测井曲线数据的加载,支持单口井加载和批量加载。加载流程(图 3-2-4)为:①选中“曲线数据”,在工具条中选择“井号”,选“全部”即为批量加载;②在空白处按下鼠标右键,选择“导入曲线数据”或“导入离散数据”,也可单击工具条中的“导入数据(表通用)”按钮选择;③在弹出的对话框中选择导入器。SinoLog Pro 软件不仅支持 txt、Excel 文件,还支持 FORWARD、716、LAS、WIS、LIST 等多种常见测井曲线格式;④添加或选择待导入的文件,按照对话框提示完成导入即可。

3. 测井曲线解释模板创建

在 SinoLog Pro 软件中,测井曲线解释井模板有着双重作用,不仅可以通过它快速创建单井测井解释图,而且它架通了解释成果数据表与单井解释、剖面等图件间数据提交、数据关联交互的桥梁。

(1)创建测井解释井模板:对于不同的测井系列,可定义多个不同样式的模板,下文主要介绍如何新建测井解释模板的方法和流程。

①新建测井解释井模板:SinoLog Pro 软件提供了默认的井模板,如需创建新模板,只需

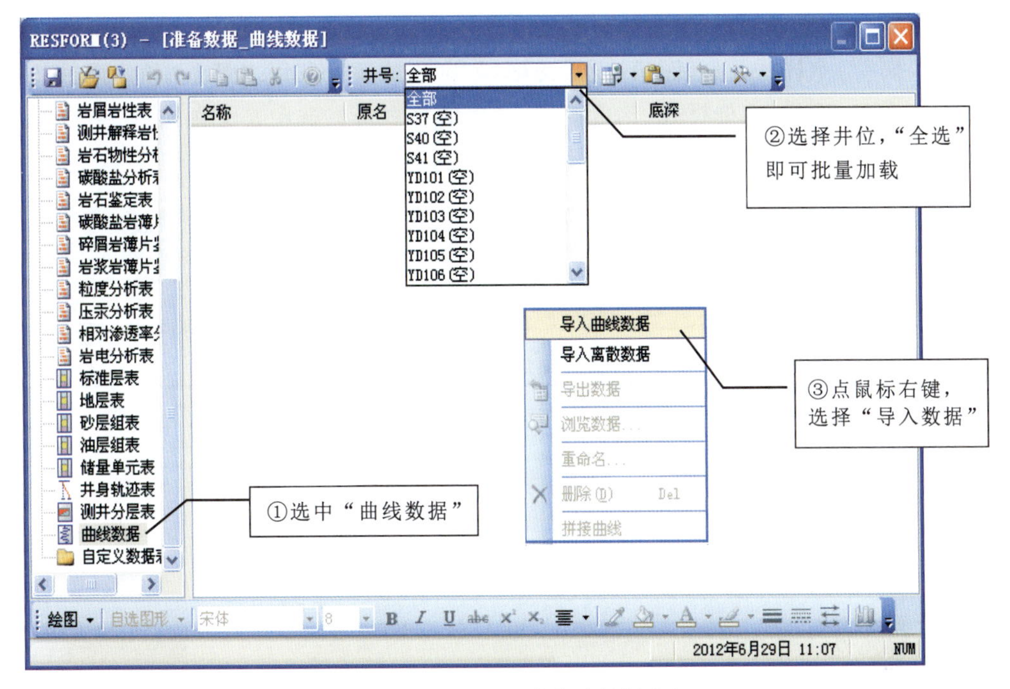

图 3－2－4　加载测井曲线数据流程

要展开任务窗格中“配置”，选中“测井解释井模板定义”后点鼠标右键，选择“新建”命令即可(图 3－2－5)。此外，如果选择导入已有模板方式，在图 3－2－5 所示的窗口中选择“已有模板文件新建”命令，系统弹出“导入测井解释文档”对话框，选择待添加的模板后，单击“打开”即可导入。

图 3－2－5　新建测井解释井模板流程

②测井解释井模板编辑：测井解释模板定义好后对其进行编辑（图 3－2－6），包括添加图道、编辑图道显示样式、组合图道、设置边框、刻度样式等。利用工具条中的功能按钮，可设置深度比例尺、图长、边框样式、刻度间隔、刻度线样式等。选中某个图道后，窗口上方将弹出该图道相应的工具条，从中可以对其显示样式进行设置。

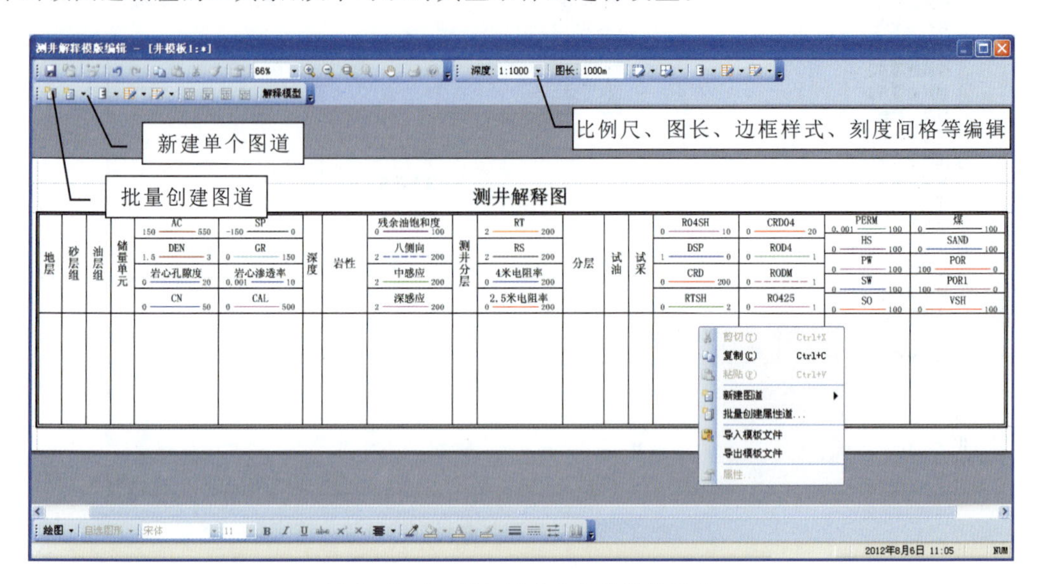

图 3－2－6　测井解释井模板编辑流程

4．应用模板创建测井综合解释图

在测井解释井模板建立后，可应用该模板生成测井解释图。添加新图的操作步骤如图 3－2－7所示。

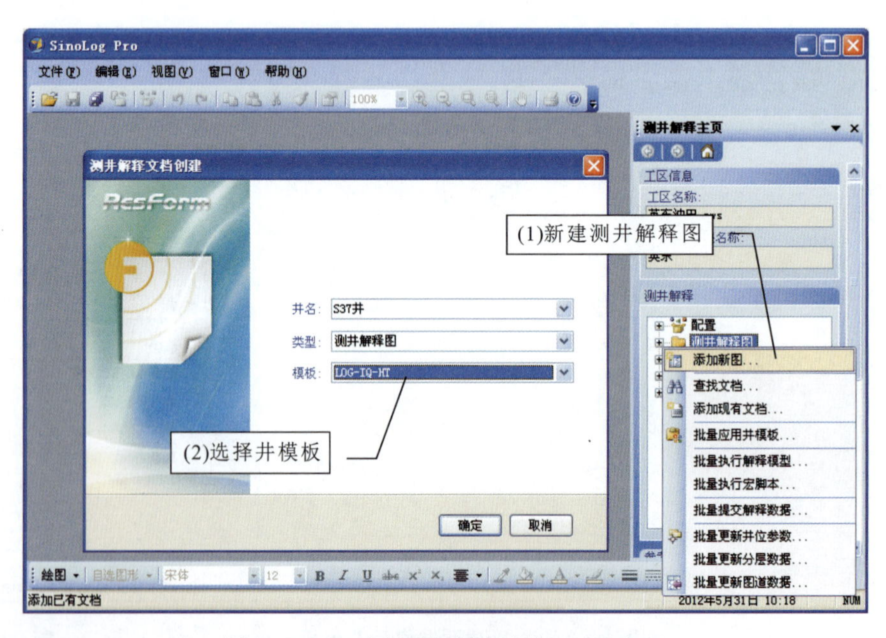

图 3－2－7　应用模板创建测井解释图流程

(1)选中窗口右侧任务窗格中的“测井解释图”,按下鼠标右键,选择“添加新图”命令。

(2)选择井名、类型以及模板后,单击“确定”即可自动生成测井解释图。

测井解释图生成后,可以开展单井综合解释分析的工作(图 3-2-8),具体包括岩性解释,粒度旋回划分,测井相解释,沉积微相、沉积亚相和沉积相的识别等。

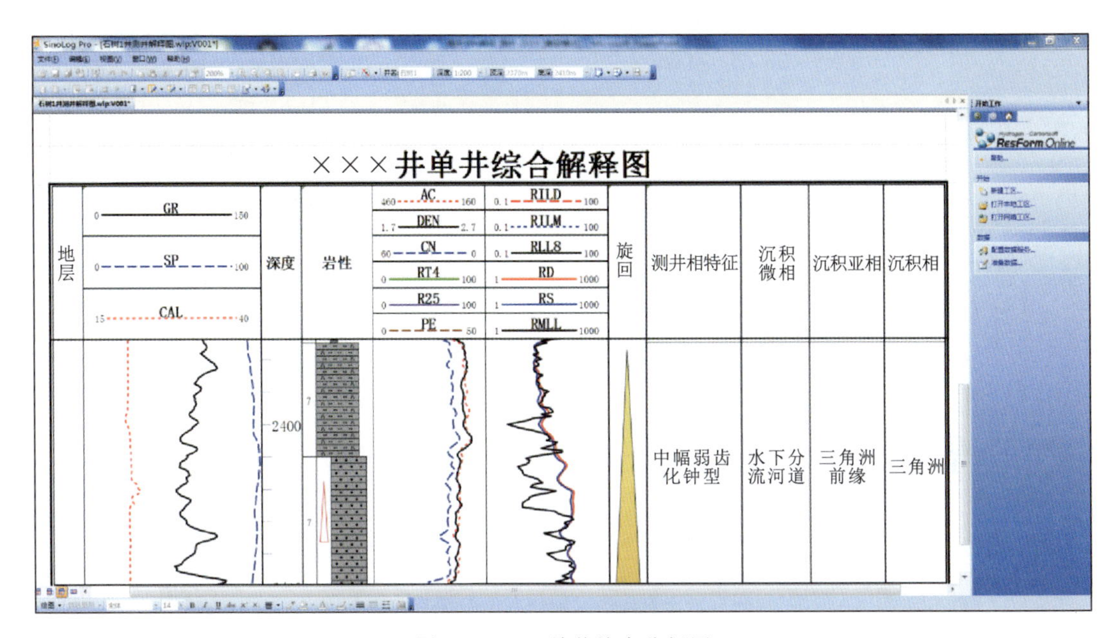

图 3-2-8　单井综合分析图

5. 编绘对比剖面图

SinoLog Pro 软件中的地层对比功能可提供丰富的交互编辑能力,可快速编绘出符合地质规律的各类对比剖面图。剖面图既可以通过井口模式和井底模式进行新建,也可以通过已有单井图生成对比剖面图。下文主要介绍基于研究区已经编绘的单井综合解释图,进行剖面图的生成,具体操作步骤如下。

(1)点击鼠标右键,打开位于右侧“任务窗格”中的“地层对比图”选项菜单,选择“由单井分析图创建地层对比图”(图 3-2-9)。

(2)打开“创建地层对比图”的对话框(图 3-2-10)。在“名称”栏中输入地层对比剖面的名称,然后选择将要进行地层对比的井位,使用“全选”按钮可以选择所有的井,如果只需其中部分井,鼠标点击井圈选择即可(当井位被选中时,井圈变为红色)。

(3)点击“确定”按钮,弹出“剖面井配置”对话框,进行各种井参数的配置。

(4)配置井参数后,点击“确定”按钮,生成地层对比图。

(5)地层对比图创建后,可以进行图面的各种设置,包括设置深度比例尺、海拔比例尺、水平比例尺、井间距离、图面拖动等各种属性。

(6)在单井分层道中选中一个层,可以用“按名称连层”和“手动连层”两种方式中的任意一种进行剖面间的连层对比,从而建立起连井地层对比剖面(图 3-2-11)。

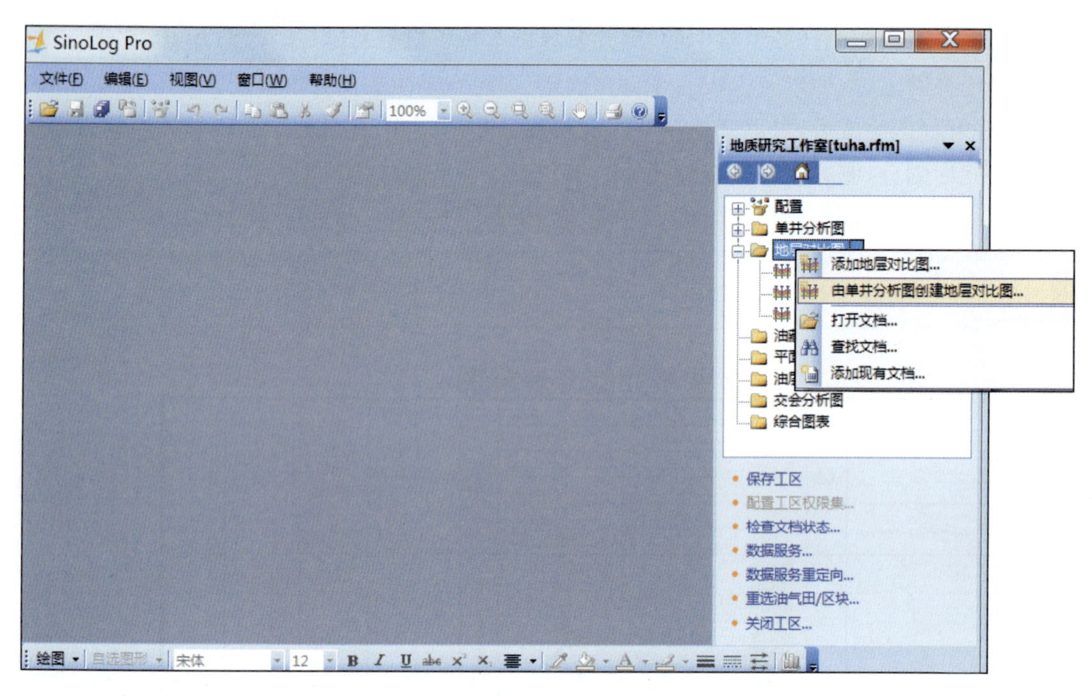

图 3-2-9　由单井分析图创建地层对比图流程

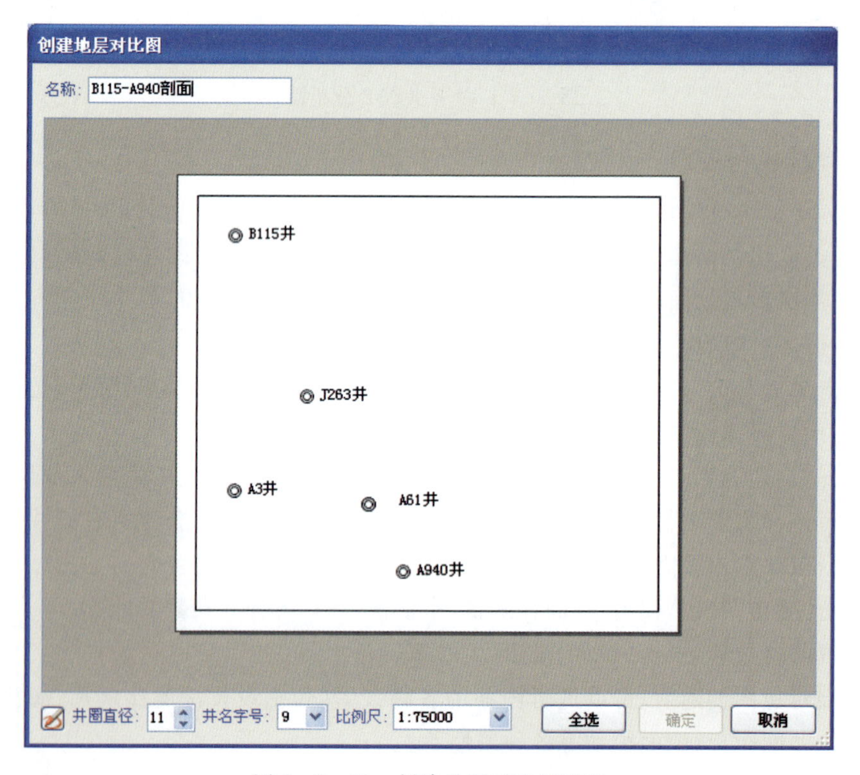

图 3-2-10　创建地层对比图流程

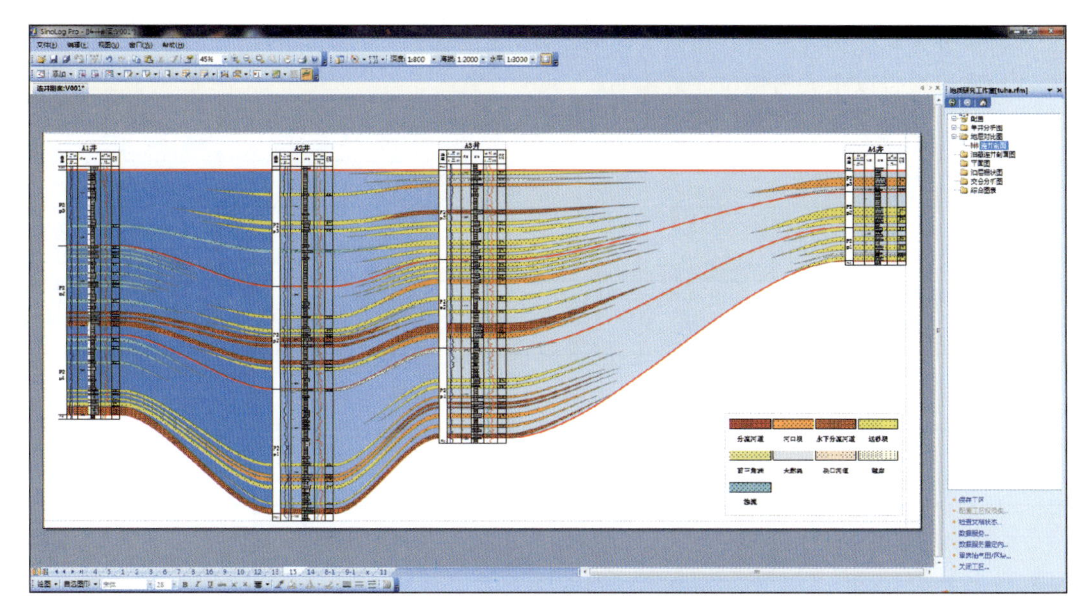

图 3-2-11 连井地层对比剖面图

6. 成果图件的导出

测井综合解释图、对比剖面图以及其他各种分析图表均可输出保存为 emf、jpg、bmp、gif、tif、png 等多种格式。同时,还可以根据需要调整图片的打印比例及像素大小。具体操作流程如下。

(1)在图面空白处点鼠标右键,选择"另存为图片"命令。

(2)单击"图片文件名"右侧下拉列表选择保存路径,并为其命名。

(3)设置打印比例及图片尺寸参数,点击"确定"即可。在默认情况下,打印比例为图面显示比例,参考图片尺寸为上一次保存时图片的大小。

7. 编绘测井相解释图版

结合单井综合解释图和地层对比剖面图的认识,系统总结研究工区典型沉积微相的测井相特征,编绘代表性沉积微相的测井相解释图版(图 3-2-12)。图版建议使用 CorelDRAW 软件绘制。

8. 实习报告编写

综合实习工区测井资料的解释和分析的结果,补充查阅相关文献资料,完成实习报告的编写,实习报告具体要求如下。

(1)实习报告按照前言、区域地质背景介绍、解释图件分析、结论和参考文献 5 个部分进行编写。

(2)解释图件包括 8 口钻井的单井综合解释图、2 条连井剖面对比图(以 8 口井钻井单井解释图为基础)、1 幅测井相解释图版。

(3)参考文献要求按照公开出版文献的格式,规范统一。

(4)实习报告以个人为单位完成编写。

名称		代号	测井曲线		主要微相或亚相	形态幅度
钟型(SH)	光滑钟型	SH1	 GR	RT	水下分流河道	整体为中幅平滑钟型,局部出现弱齿化
	台阶化钟型	SH2	 GR	RLLD	水下分流河道、决口河道	低幅齿化递变钟型曲线
	大型齿化钟型	SH3	 GR	RT	辫状河道	大型齿化钟型曲线,局部显锯齿状
	小型齿化钟型	SH4	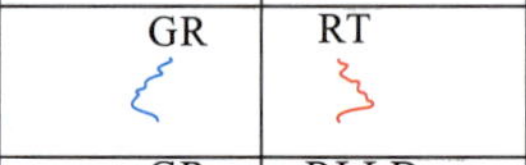 GR	RT	辫状河河道边部	小型齿化钟型曲线,锯齿状不明显
箱型(T)	光滑箱型	T1	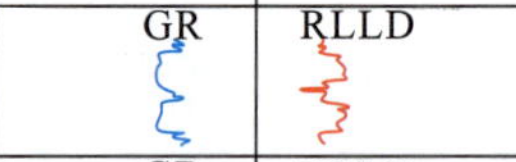 GR	RLLD	水下分流河道、浊积水道	整体呈现平滑箱型曲线,局部弱齿化
	大型齿化箱型	T2	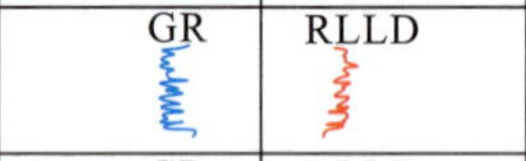 GR	RLLD	辫状河道	大型齿化箱型曲线,局部显锯齿状
	小型齿化箱型	T3	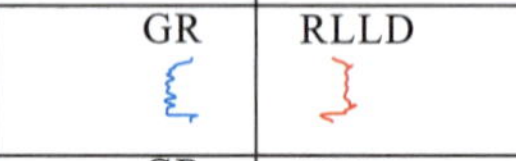 GR	RLLD	水下分流河道边部	小型齿化箱型曲线,锯齿状不明显
弯弓型		O	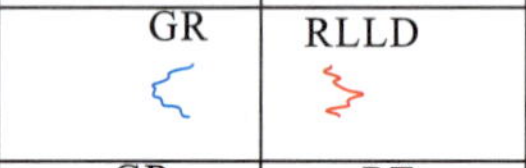 GR	RLLD	近端河口坝	上部为钟型,下部为漏斗型曲线,整体为低幅弱齿化
漏斗型(H)	台阶式漏斗型	H1	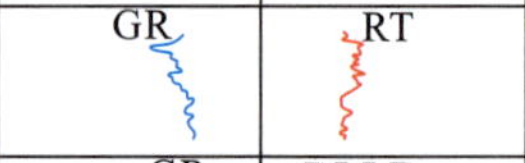 GR	RT	河口坝	低幅弱齿化递变漏斗型曲线
	波状漏斗型	H2	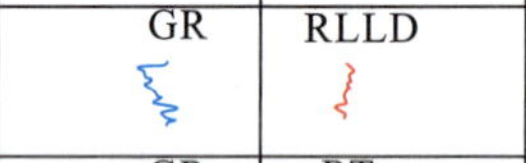 GR	RLLD	远砂坝	整体为低幅齿化漏斗型曲线
薄层指型		X	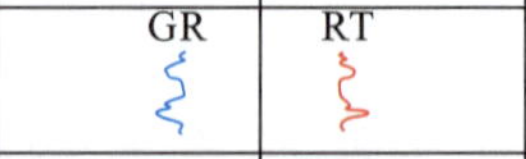 GR	RT	前三角洲浊积砂体	上、下两处明显的指型曲线,局部弱齿化
尖齿型		C	 GR	RLLD	越岸沉积	低幅齿化曲线
平直基线型		M	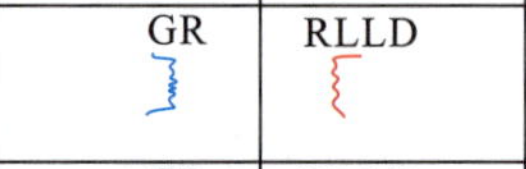 GR	RLLD	浅湖、深湖、分流间湾泥岩	曲线整体变化幅度不大,在基值处徘徊
漏斗型-钟型组合		H+SH	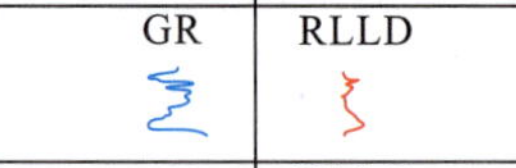 GR	RLLD	上部为河口坝,下部为水下分流河道	由上而下曲线幅度呈大→小→大变化,局部弱齿化
漏斗型-箱型组合		H+T	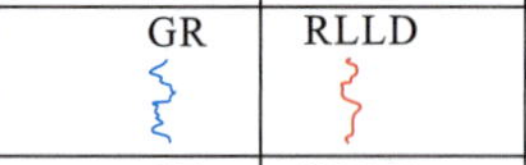 GR	RLLD	由上而下依次为天然堤和水下分流河道	上、下幅度高,中间相对幅度较低
箱型-漏斗型组合		T+H	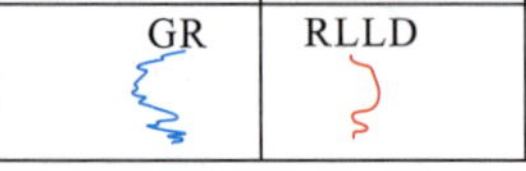 GR	RLLD	上部为水下分流河道,下部为河口坝	上部高幅,下部向下幅度变低,整体弱齿化

图 3-2-12　某研究区典型测井相图版

第三部分　岩芯资料综合解释

岩芯是了解地下信息最宝贵的第一手资料。它不仅可以反映岩芯层段的岩性、岩相、沉积过程和地质构造等基础地质信息，为基础地质研究提供依据，还可以反映地下岩层物理性质、含矿特征、油气水分布特征等方面的信息，为地下矿产资源勘探开发提供最直接的依据。因此，岩芯观察与描述，也即岩芯资料综合解释，既要全面观察，又要重点突出，是一项细致而又重要的工作，对于地球科学基础研究和矿产资源勘查，乃至地质工程设计、实施等都具有重要的意义（王艳琴，2011；罗群，2010）。

一、岩芯观察基础知识

1. 方向线与长度标记

岩芯上的红色方向线箭头指向井底；方向线侧边白漆圆点内的黑色数字为芯长标记，一般为整米或半米，表示此处岩芯距本次取芯顶部的距离（图 3－3－1）。

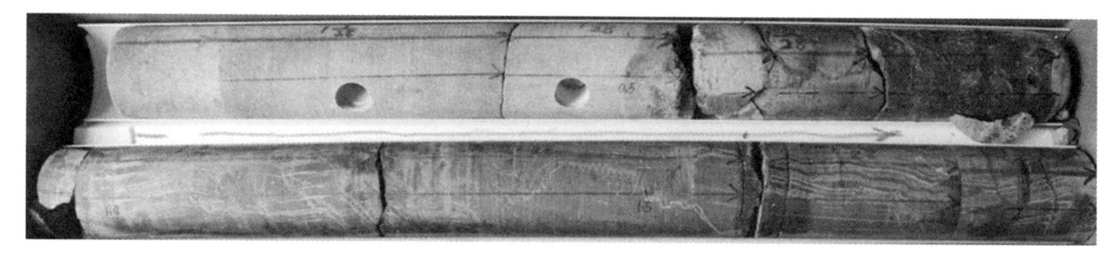

图 3－3－1　岩芯方向线与长度标记

2. 岩芯深度计算

若计算一块岩芯深度，可用尺子丈量它到深度标记的距离。例如在某井 2 320.61～2 326.44m取芯段中，某块岩芯在 5.0m 深度标记之下 0.1m，则该岩芯的深度为 2 320.61＋5.0＋0.1m（图 3－3－2）。深度计算记录方式有两种：顶＋0.5m，即从这次取芯的顶深向下加 0.5m；＋0.5m，即从上块岩芯的深度向下加 0.5m。

3. 岩芯编号

岩芯从浅到深都要统一编写块号。一般碎屑岩、碳酸盐岩类每 20cm 编一个号，泥岩每

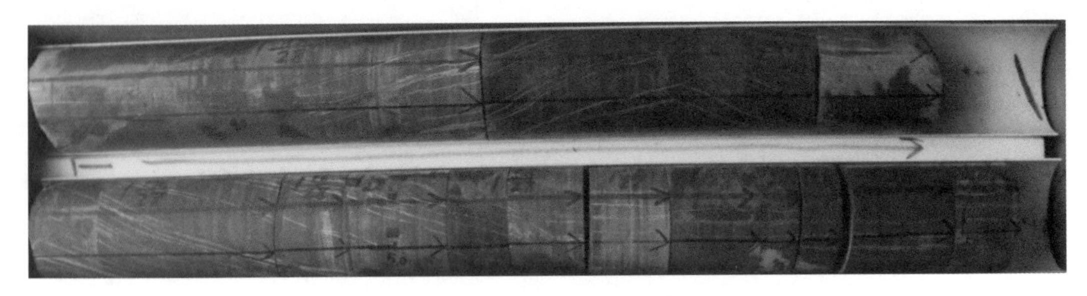

图 3-3-2　岩芯深度计算

40cm 编一个号。编号用白漆刷在岩芯方向线的一侧(一般为上侧),长 3cm,宽 2cm,编号内容包括井号、块号、井段。块号用带分数表示,整数表示取芯回次,分母表示本次取芯的总块数,分子则表示本次取芯的第几块(图 3-3-3)。井段为本次取芯的井段,第一块和最后一块刷井段,中间一般每 5 块或 10 块刷一次井段(王艳琴,2011)。

4. 岩芯出筒卡片

每筒岩芯的顶底位置,都会放置内容齐全的岩芯出筒卡隔板,即顶底卡。它的作用是:一方面便于岩芯观察人员快速识别每筒岩芯的顶底位置,另一方面便于岩芯观察人员快速读出该筒岩芯的井号、取芯回次、取芯井段(或顶底深度)、进尺、芯长、收获率、出筒日期等方面的信息(图 3-3-4)。

图 3-3-3　岩芯块号表达方式

井号:X20 井	取芯回次:1
取芯井段:3 343.01～3 348.47m	
进尺:5.46m	芯长:5.46m
收获率:100%	
出筒日期:2000 年 5 月 25 日	

图 3-3-4　岩芯出筒卡片

5. 岩芯盒卡片

岩芯盒长 1m,侧面标有井名、盒号字样。岩芯盒底部有一张卡片,记录有井号、盒号、块号等信息。图 3-3-5 中岩芯盒长 1m,内放两排岩芯,按岩芯深度由浅到深依次自岩芯盒左上方向右下方排列。岩芯盒的正前面依次有井名、盒号、井段、块号等字样,右侧面为库存货位编码标签。井名为取芯井的全名。盒号为本盒岩芯在该井所有盒岩芯中的编号,其中第一盒和最后一盒要写上总盒数。如图 3-3-5 所示,35-1 盒表示义 104-1 侧井共有 35 盒岩芯,本盒是第一盒,第二、第三盒号为 35-2 盒、35-3 盒,依此类推,最后一盒为 35-35 盒;井段只在第一盒和最后一盒标注,为本井全部取芯井段;块号表示本盒岩芯的块号,图 3-3-5所示为第一次取芯共 30 块,本盒为第一块至第七块。

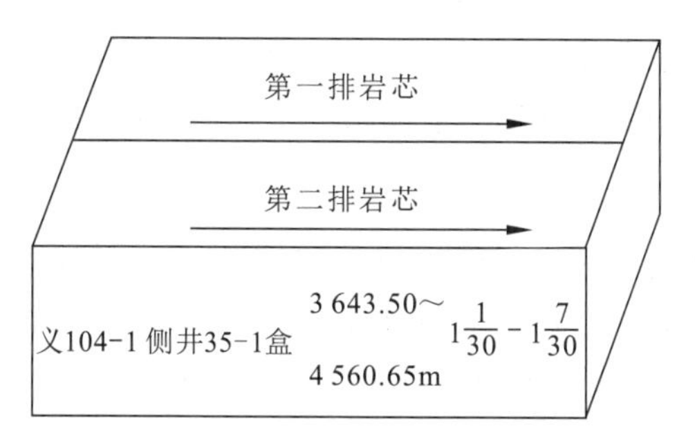

图3-3-5　岩芯摆放及岩芯和卡片示意图

二、岩芯观察前期准备

1. 资料收集

借阅岩芯录井图、完井地质总结报告等相关资料，掌握取芯层位、取芯回次、取芯井段、收获率，以及取芯井所在区域的构造特征、沉积特征等信息。

2. 准备工作

物品准备：记录本、笔（记录和记号）、相机、标签（带标尺和方向）等记录用品；尺子、稀盐酸、放大镜等辅助物品；水、抹布、毛刷等清洁物品。

岩芯摆放：将要观察和描述的岩芯盒按编号依次摆放在开阔、平坦和光线充足的场所。

岩芯整理：由于采样、岩芯观察和自然风化等因素都会对岩芯造成破坏，如表面变色、位置错乱、顺序颠倒、长度缺失等，因此在观察前需对岩芯进行整理。根据方向线、块号、整米和半米标记按顺序找准岩芯的位置，将其排放好；对于成形的岩芯块，还需对比前后茬口是否对齐吻合；对于表面有灰尘、污垢的岩芯，要用抹布、水等进行清理。有时，岩芯表面污垢难以清除或者风化严重不能看清岩芯真实面貌，还需将岩芯劈开后进行观察描述，但不能损坏岩芯方向线、块号、长度等标记。

抄牌：检查岩芯卡片是否正确，有无缺漏、重复和不符合要求等，卡片位置有无错放等；根据岩芯出筒卡片和岩芯盒底部的卡片，记录取芯井的井号、第几次取芯、取芯顶底深、芯长、收获率；用记号笔在白纸上写下第几次取芯、井号和本次取芯的顶底深，放在岩芯盒上让人拍照。抄牌的目的是：区分每次取芯的顶底，然后拍照记录，便于以后有需要时对比参考，利于记录人记录取芯的顶底深，计算取样、拍照深度。

三、岩芯的观察与描述

1. 观察顺序

习惯上，一般从下到上（由老到新）按岩石的沉积过程描述，即从最后一盒的最后一块开始向上描述。这样做的好处是:在岩芯观察描述的过程中,可较快地对这口井取芯层段的沉积过程、相序变化过程等有一个整体的认识。当然,因工作需要或个人习惯的不同,也可以从上到下(由新到老)来描述,即从第一盒的第一块开始,向下进行描述。

2. 观察方法

在详细描述前,首先对岩芯进行整体观察,在头脑中对其建立一个整体的印象;在观察描述时,根据岩性特征、含油气特征、韵律变化等将岩芯分段,进行仔细观察描述,采用文字描述、拍照、素描相结合的方式记录描述岩芯。文字描述要详细,对特殊、典型的沉积现象则进行素描或拍照(罗群,2010)。

3. 描述内容

岩性:颜色、岩石名称、矿物成分、胶结物、特殊矿物等。

相标志:沉积结构、沉积构造(表 3-3-1)、生物特征等。

构造:孔、洞、缝发育情况等。

含矿情况:含油颜色、饱满程度、含油产状、含油面积等。

接触关系:渐变接触、突变接触、断层接触、侵蚀接触等。

生物化石:种类、颜色、大小、形态、保存等。

表 3-3-1　沉积构造分类表

<table>
<tr><th colspan="2">分类依据</th><th>分类结果</th></tr>
<tr><td rowspan="5">物理成因构造</td><td rowspan="3">流动成因构造</td><td>1. 层理构造
块状层理、韵律层理、粒序层理、平行层理、水平层理、波状层理、交错层理</td></tr>
<tr><td>2. 层面构造
(1)顶面构造:波痕、剥离线理
(2)底面构造:侵蚀模—槽模、刻蚀模—沟模、跳模、刷模、锥模等</td></tr>
<tr><td>3. 其他
冲刷充填构造、侵蚀面构造</td></tr>
<tr><td>同生变形构造</td><td>重荷模构造、包卷构造、砂球和砂枕构造、碟状构造和柱状构造、滑塌构造、帐篷状构造、鸡笼铁丝网状构造</td></tr>
<tr><td>暴露成因构造</td><td>干裂、雨痕、冰雹痕、泡沫痕、流痕</td></tr>
<tr><td colspan="2">化学成因构造</td><td>结核、缝合线、叠锥、晶体印痕、成岩层理</td></tr>
<tr><td colspan="2">生物成因构造</td><td>生物生长构造、叠层构造、生物遗迹构造</td></tr>
<tr><td colspan="2">复合成因构造</td><td>1. 孔洞充填构造
示底构造、窗孔构造和鸟眼构造、层状孔洞构造
2. 硬底构造</td></tr>
</table>

4. 描述原则

分段原则：凡长度大于5cm的不同岩性均需分段描述；岩石颜色、层理结构、含有物特征和含矿特征等有变化的均需分段描述；厚度小于5cm的含矿岩芯和特殊岩性，如化石、标志层等要分段描述。

描述要求：就产业部门而言，对含矿岩芯除定名外，还要本着含油、气、水特征与沉积特征并重的原则进行重点描述；对泥质岩类，除定名外也要对结构、构造及特殊含有物进行适当描述。

5. 绘制柱状图

用不同宽度代表不同岩性(粒度越粗，宽度越大)，按照一定的比例尺，将岩芯深度和岩性画在一起，然后用光滑曲线连接起来，可以反映岩芯段的相序变化，分为正粒序和反粒序，有时也可出现复合粒序。

绘制柱状图时，应注意以下事项。

(1)图中用的岩芯数据(如岩芯收获率、编号、分段长度等)必须与原始记录完全一致，深度比例尺与电测放大曲线比例尺一致。

(2)图中的岩性剖面在绘制时用筒界作为控制。当岩芯收获率低于100%时，从上往下绘制，底部留空，待下一回次取芯的收获率大于100%(即套有前次残留岩芯)时，向上补充(自下而上绘制)，即套芯一律画在前次取芯的下部。因岩芯膨胀或破碎而收获率大于100%时，应根据岩芯实际情况在泥质岩段破碎处合理压缩成100%绘制。所谓残留岩芯，是指某回次的岩芯长度大于该回次的进尺时，超过的岩芯。如某回次进尺2.10m，但完整的岩芯有2.56m，超出进尺0.46m的岩芯，即为残留岩芯。在绘制岩芯柱状图时，需要对残留岩芯进行处理。方法及原则为：若岩芯完整，以本回次岩芯收获率为100%作为标准，将超出部分推到上回次计算；如继续超出则可继续上推，最多只能上推3个回次(图3-3-6)。

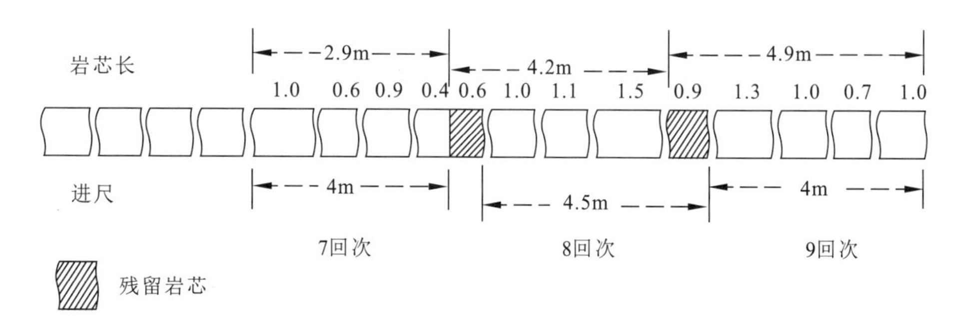

图3-3-6　残留岩芯上推图示

注：图中第9回次进尺4m，岩芯长4.9m，大于该回次进尺0.9m的岩芯作为残留岩芯向上推到第8回次；第8回次原进尺4.5m，岩芯长4.2m，现加上第9回次上推的0.9m残留岩芯，则岩芯长为5.1m，超过进尺0.6m，继续上推至第7回次，则第8回次的岩芯收获率实际为100%。

（3）化石及含有物、取样位置、磨损面等，用统一图例绘在相应深度。以黑框及白框表示不同回次取芯，框内斜坡指向位置为磨损面位置，框外标记样品位置，根据样品顶界距离本筒顶界的距离来标定样品位置。

实习1：南海北部W－01钻孔Core－01碎屑岩岩芯观察

一、实习目的与要求

（1）了解碎屑岩岩芯观察基础知识。

（2）学习碎屑岩岩芯观察与描述的顺序、内容与基本原则。

（3）学习绘制碎屑岩岩芯柱状图。

二、实习内容和步骤

（1）观察前准备：结合碎屑岩岩芯观察基础知识学习，整理岩芯，做好观察前准备。

（2）概略观察：总体、概略地观察碎屑岩岩芯，建立一个整体印象，初步确定岩芯资料的分段或旋回变化。

（3）详细观察：充分利用尺子、放大镜和稀盐酸等工具与试剂，精细观察与描述岩芯资料反映的各种信息，并做详细记录。

（4）岩芯拍照：包括整盒拍照和典型现象拍照两种，并记录好拍照岩芯的深度和岩芯盒中的位置。注意：拍照时要放好标签（带标尺和方向），以便明确岩芯的顶底方向和长度。

（5）绘制岩芯柱状图：以碎屑岩岩芯观察记录和碎屑岩岩芯照片为依据，绘制碎屑岩岩芯柱状图，并分析岩芯段反映的基础地质和含矿特征等方面的信息。绘图模板如图3－3－7所示。

（6）编写碎屑岩岩芯综合分析报告。

________井岩芯沉积相综合分析柱状图

比例尺1∶50

井名（号）：　　井段：　　芯长：　　收获率：　　记录：

岩芯标注			深度(m)	颜色	岩性剖面							沉积构造含有物	分选性	磨圆度	岩性及沉积特征描述	沉积旋回	沉积环境		
回次	块号	长度			泥	粉砂	细砂	中砂	粗砂	砂砾	砾						微相	亚相	相

图3－3－7　岩芯沉积相综合分析柱状图绘制模板

实习 2:南海北部 W－02 钻孔 Core－02 碳酸盐岩岩芯观察

一、实习目的与要求

(1)了解碳酸盐岩岩芯观察基础知识。

(2)学习碳酸盐岩岩芯观察与描述的顺序、内容与基本原则。

(3)学习绘制碳酸盐岩岩芯柱状图。

二、实习内容和步骤

(1)观察前准备:结合碳酸盐岩岩芯观察基础知识学习,整理岩芯,做好观察前准备。

(2)概略观察:总体、概略地观察碳酸盐岩岩芯,建立一个整体印象,初步确定岩芯资料的分段或旋回变化。

(3)详细观察:充分利用尺子、放大镜和稀盐酸等工具与试剂,精细观察与描述岩芯资料反映的各种信息,并做详细记录。

(4)岩芯拍照:包括整盒拍照和典型现象拍照两种,并记录好拍照岩芯的深度和岩芯盒中的位置。注意:拍照时要放好标签(带标尺和方向),以便明确岩芯的顶底方向和长度。

(5)绘制岩芯柱状图:以碳酸盐岩岩芯观察记录和碳酸盐岩岩芯照片为依据,绘制碳酸盐岩岩芯柱状图,并分析岩芯段反映的基础地质和含矿特征等方面的信息。编图模板如图3－3－7所示。

(6)编写碳酸盐岩岩芯综合分析报告。

实习 3:渤海海域 W－03 钻孔 Core－03 混积岩岩芯观察

一、实习目的与要求

(1)了解混积岩岩芯观察基础知识。

(2)学习混积岩岩芯观察与描述的顺序、内容与基本原则。

(3)学习绘制混积岩岩芯柱状图。

二、实习内容和步骤

(1)观察前准备:结合混积岩岩芯观察基础知识学习,整理岩芯,做好观察前准备。

(2)概略观察:总体、概略地观察混积岩岩芯,建立一个整体印象,初步确定岩芯资料的分段或旋回变化。

(3)详细观察:充分利用尺子、放大镜和稀盐酸等工具与试剂,精细观察与描述岩芯资料反映的各种信息,并做详细记录。

(4)岩芯拍照:包括整盒拍照和典型现象拍照两种,并记录好拍照岩芯的深度和岩芯盒中的位置。注意:拍照时要放好标签(带标尺和方向),以便明确岩芯的顶底方向和长度。

(5)绘制岩芯柱状图:以混积岩岩芯观察记录和混积岩岩芯照片为依据,绘制混积岩岩芯柱状图,并分析岩芯段反映的基础地质和含矿特征等方面的信息。编图模板如图3-3-7所示。

(6)编写混积岩岩芯综合分析报告。

第四部分　海洋生物化石观察

实习1:硅藻化石的处理与观察

一、实习目的

(1)了解硅藻的基本特征。

(2)熟悉实验室处理化石的基本方法。

二、实习内容

1. 硅藻化石的实验室处理

硅藻是一种微体的单细胞藻类,壳壁主要由非晶质的二氧化硅组成。硅藻形体微小,通常在1～2000μm之间,但它丰度高,分布广,易于保存,且对环境变化反应灵敏,是恢复新生代以来古海洋环境的重要生物指标之一。

本教材介绍的硅藻的实验室处理方法为洗涤富集法(蓝东兆等,1995),具体步骤如下。

(1)称取烘干样50g置于1000mL烧杯中,加入体积分数10%的盐酸去除钙质,至不起泡后,用蒸馏水洗3～4次,用pH试纸测试,至中性。

(2)样品中加入体积分数10%的双氧水去除有机质,之后加蒸馏水洗3～4次。

(3)样品装入50mL塑料离心管中离心去水,加入比重2.4的镉重液,仔细搅拌后,以2500r/min的速度离心10min,取出上覆部分至250mL烧杯中;再加入镉重液,进行第二次离心,取出上浮部分置于小烧杯中。

(4)加入100mL蒸馏水至小烧杯中,沉淀24h后吸出上部水,下部含硅藻的部分倒入10mL的离心管中;离心后去除水分,再加入蒸馏水重复1～2次,洗去残余的镉重液,所得材料即可用于制片观察。

2. 硅藻制片

(1)预先7d将载玻片和盖玻片浸泡于酒精中,制片前擦净备用。

(2)每个样品用刻度吸管吸取0.2mL含有硅藻的材料均匀涂在4～5片盖玻片上晾干。

(3)将涂有硅藻材料的盖玻片放在酒精灯上烘去水分,滴一滴加拿大树胶封片剂,将载玻片盖在滴有封片剂的盖玻片上,翻转,平放,晾干。

(4)贴上标签,标好编号,制片完成。

实习2:标准生物显微镜使用与硅藻化石观察

一、实习目的

(1)了解显微镜的基本构造,理解基本性能,掌握显微镜的使用方法。

(2)了解硅藻化石的观察要点,熟悉硅藻的基本特征。

二、实习内容

1. 显微镜的基本构造

显微镜的基本构造如图3-4-1所示。

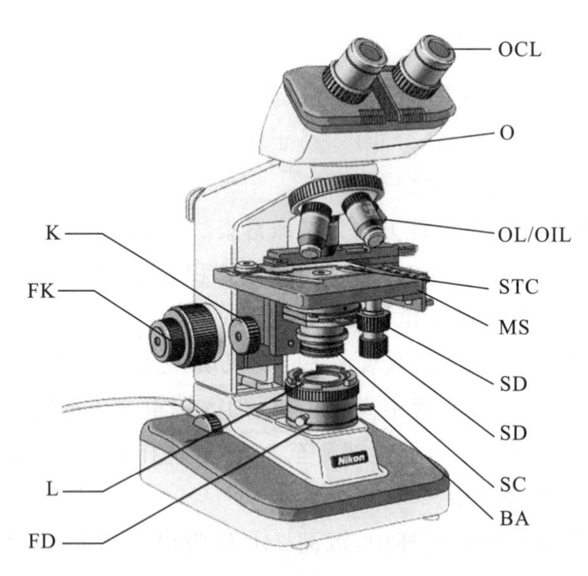

图3-4-1　显微镜结构示意图

OCL. 目镜;O. 目镜筒;OL. 物镜;OIL. 油浸物镜;MS. 载物台;SD. 物台驱动旋钮(两个旋钮可使物台分别在X、Y方向移动);SC. 镜台下聚光器;FD. 视场光阑(调节光阑大小,可限制光线照射到物体的面积);L. 光源;BA. 亮度调节旋钮;FK. 焦距调节旋钮;K. 载物台升降旋钮;STC. 物台薄片夹

2. 显微镜的使用方法

使镜臂向着自己(现代显微镜使镜臂反向对着自己),摆好显微镜;转动粗调焦器,把镜筒向上提起;转动旋转器,使低倍接物镜对准载物台的圆孔,两者相距约2cm左右;两眼对着双筒目镜观察(如为单筒目镜,则两眼睁开,用左眼看)。标准实验室显微镜可调节瞳间距(图3-4-2);打开可变光阑,用手转动反光镜,使它正对着光源,但不可对直射的阳光,当视野(即从镜内看到的圆形部分)呈现一片均匀的白色时即可,如为内光源显微镜,打开光源按钮,向前、向后移动按钮,调节光线的强弱至适宜强度(KALLENBACH,1986;DUKE and MICHETTE,1990)。

取一拉丁字母装片放在载物台上,使字母正对中央圆孔;用压片夹(或 X—Y 驱动器)固定(图3-4-3);转粗调焦器,使镜筒下降至低倍接物镜距装片5mm左右;然后自目镜观察,同时转动粗调焦器,提升镜筒,至视野内的字母清晰为止。

图3-4-2　调整目镜瞳间距

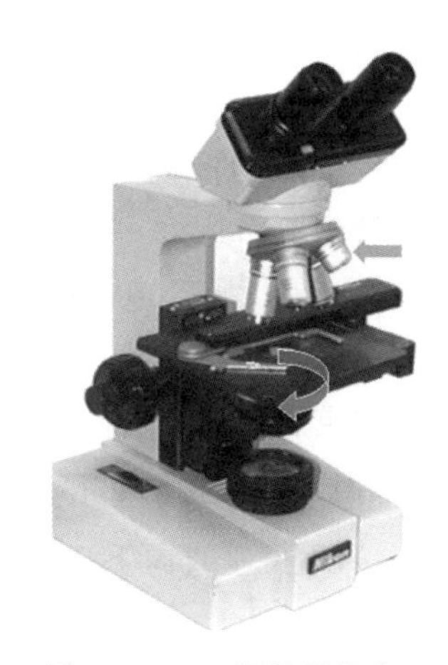

图3-4-3　调整压片夹

注意视野内看到的字母,上、下、左、右慢慢移动装片,观察物像的移动方向。

低倍物镜观察后转至高倍物镜。首先将目标区移到视野正中央,提升镜筒,转动旋转盘,换高倍物镜,从侧面观察下降镜筒,使高倍物镜几乎接触玻片(1mm左右)为止;再从目镜观察,转动细调焦器,提升镜筒,一般旋转半圈至一圈即可出现物像(注意:要小心操作,切勿旋反方向,压破盖玻片或载玻片);可将光阑开大,上、下调节细调焦器,使物像达到最清晰为止。现代显微镜一般在低倍物镜下调好焦点后,可直接转换高倍物镜。

使用高倍物镜时,一定先从低倍物镜开始。需要详细观察的标本部分要移到视野正中央。在高倍物镜下调焦点只能用细调焦器,不能用粗调焦器,光阑要开大。

观察完毕后,必须先把物镜头转开,然后取出载玻片标本。每次实验完毕后,都要把高、低倍物镜转向前方,不可使物镜正对着聚光器,然后放回镜箱(或镜柜)内。

要注意经常保持显微镜的清洁。如金属部分有灰尘时,一定要用清洁的软布擦干净;如镜头有灰尘时,必须用特备的擦镜纸轻轻地擦去。切勿用手或其他布、纸等擦拭,以免损坏镜头。

操作要领：

（1）用物镜转换器转动物镜，不能直接转动物镜。

（2）将载玻片放置于镜台的载玻片移动器上，把观察物放在通光孔中央。应在低倍物镜下放上和取下载玻片，禁止在高倍物镜时取放载玻片，以免损坏镜头。

（3）从低倍转换成高倍，正常情况下物镜不会碰到载玻片，但在尚未了解这台显微镜的性能前且第一次使用时应侧视，慢慢转动转换器，看看物镜是否与载玻片相碰。从低倍转换成高倍前，应先将观察目标置于视野中央，换成高倍后只能用细调焦轮调节，禁止使用粗调焦轮。

（4）在使用100×的油镜时，必须先在盖玻片上滴上油性介质，常用的为香柏油。转动油镜，使镜头碰到香柏油，形成一个连续的油性介质通路，再进行观察。油镜使用完毕，必须先用擦镜纸抹去镜头油，再用蘸少许混合剂（7份乙醚+3份无水乙醇）的擦镜纸抹去残留的镜头油，最后用擦镜纸擦净。

（5）操作过程中，如发现故障和问题，应立即报告，不可自行拆卸。

（6）实验结束后，关闭电源，取下载玻片（永久封片必须放回片盒），将两物镜呈“八”字形斜放（图3-4-4），不可垂直向下，并将载物台升至最高。电源线盘在底座集光镜上，套上防尘罩，按编号放置于柜中。

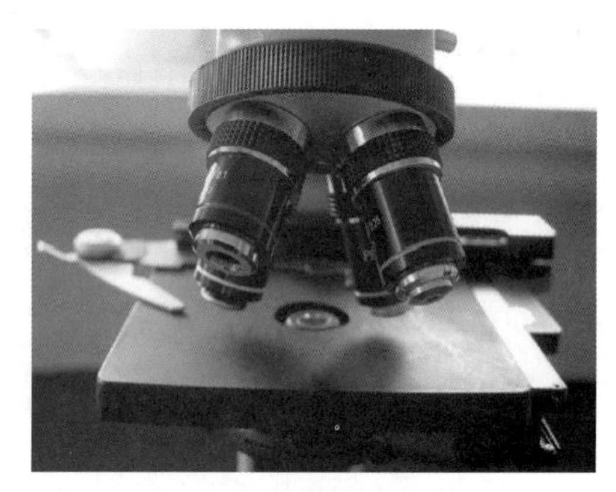

图3-4-4　物镜“八”字形斜放

3. 硅藻化石薄片观察

将制得的硅藻薄片置于显微镜下观察，了解硅藻的结构及一般形态特征（图3-4-5），认识几种常见的硅藻类型。

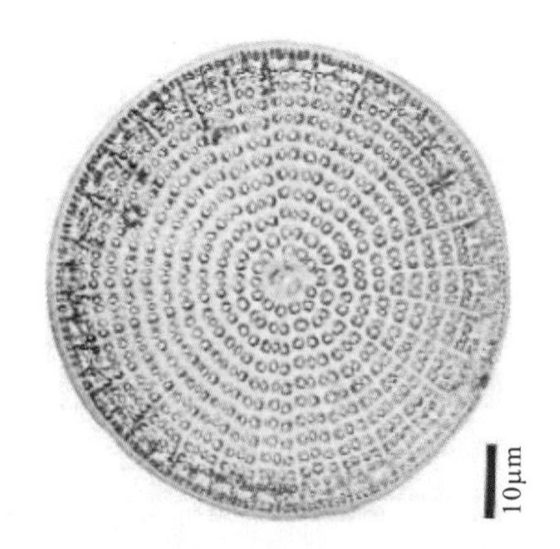

Arachnoidiscus indicus Ehrenberg

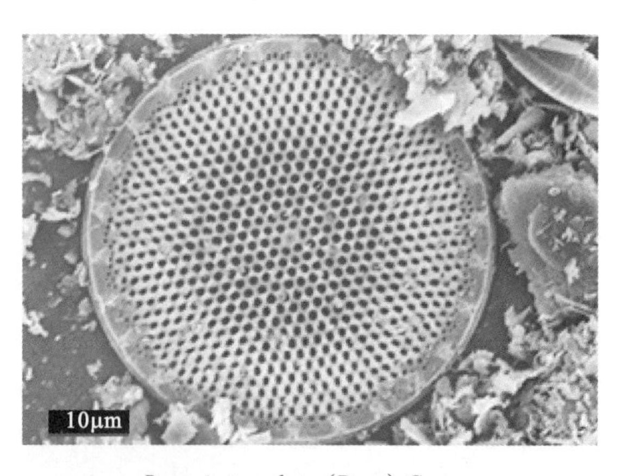

Roperia tesselata（Rop.）Grunow

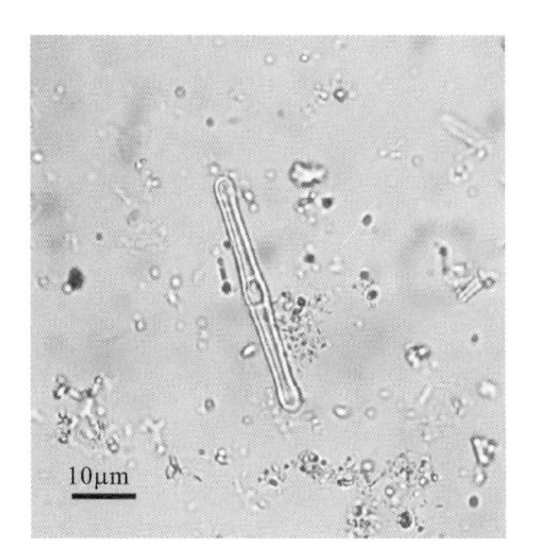

Grammatophora oceanica

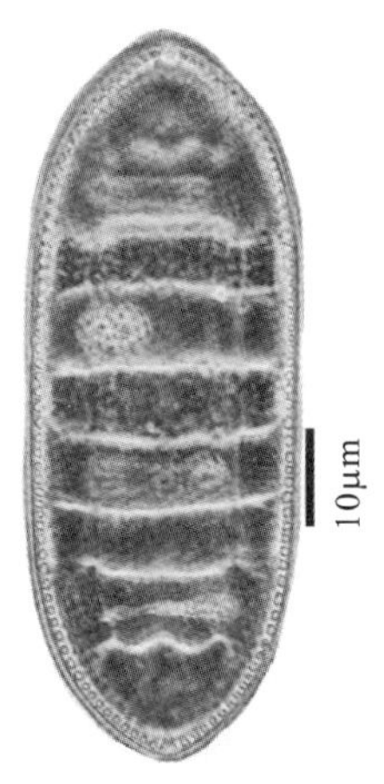

Cymatopleura elliptica（Breb.）W. Smith

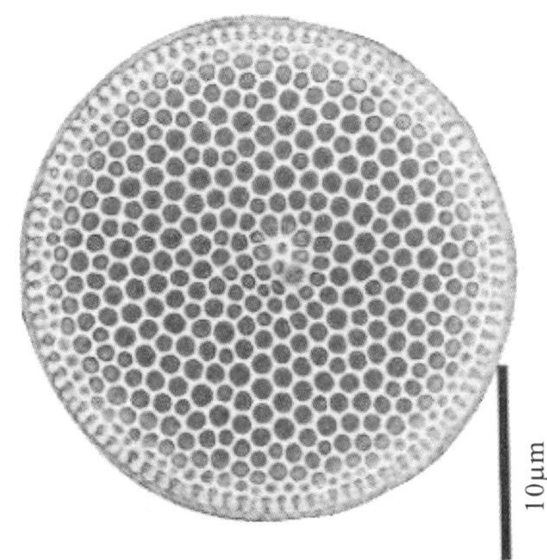

Azpeitia nodulifera A. Schmidt

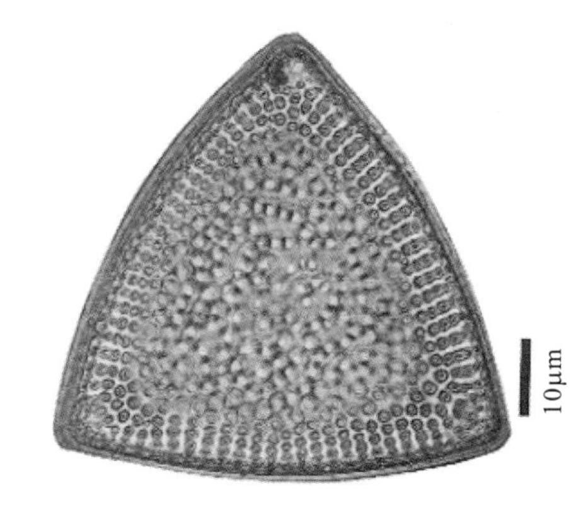

Stictodiscus parallelus var. gibbosa Grove et Sturt

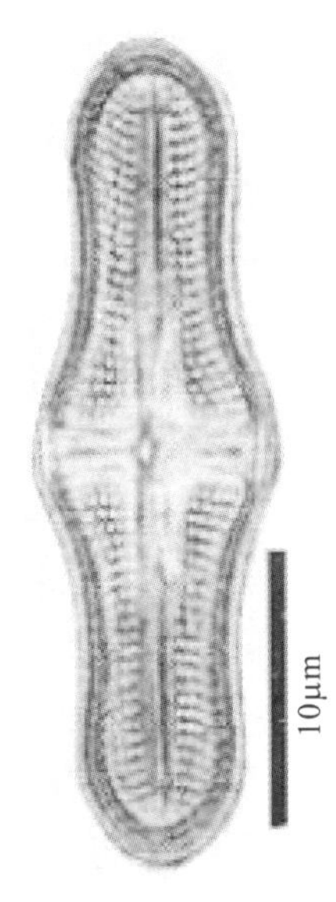

Achnanthes inflata (Kuetz.) Grunow

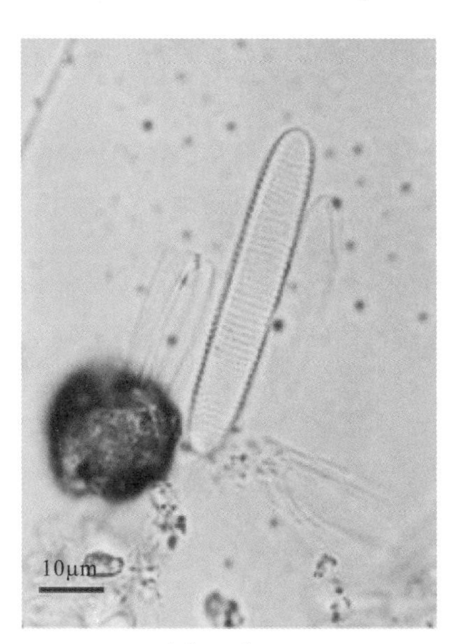

Achnanthes sp.

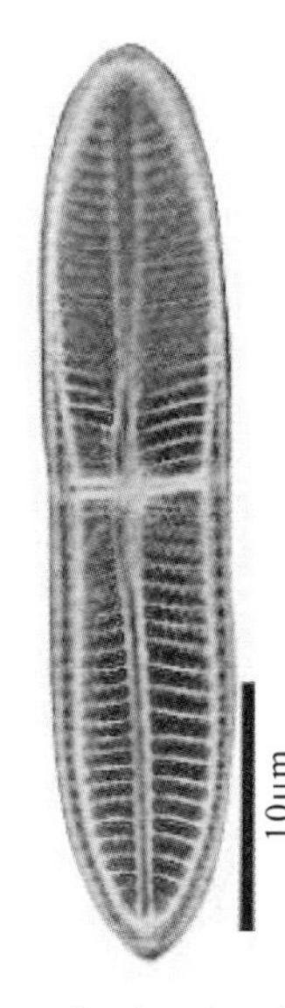

Achnanthes brevipes Agardh

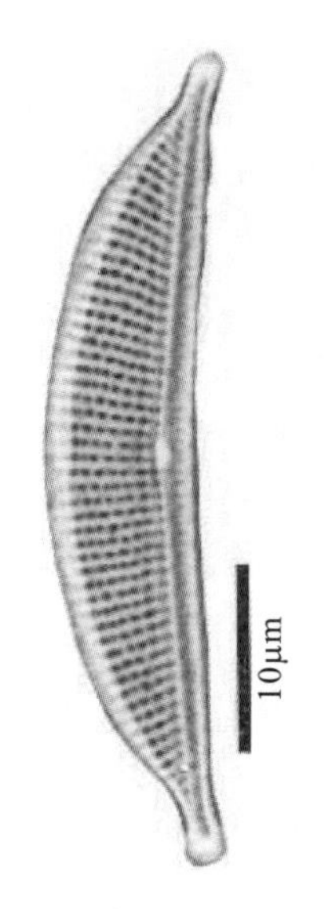

Amphora coffeaeformis (Ag.) Kuetzing

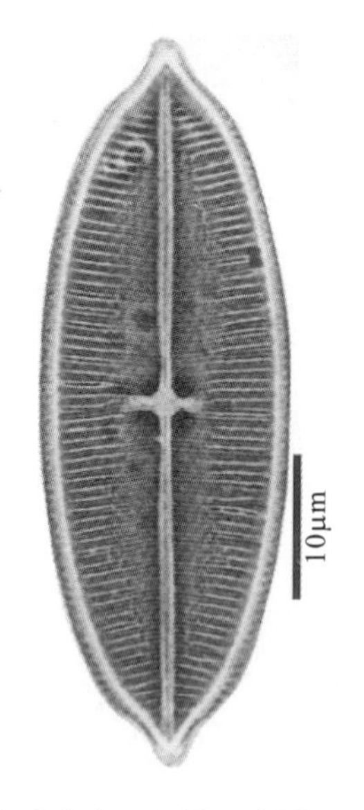

Navicula biformis (Grun.) Mann

Gomphonema intricatum

图 3-4-5　常见硅藻

实习3:有孔虫化石的实验室处理

一、实习目的

(1)熟悉不同岩石类型中有孔虫化石的特征。

(2)掌握各类有孔虫化石样品的实验室处理方法。

二、实习内容

1. 样品的实验室处理

不同时代的化石保存在不同类型的岩石中,分离其中的有孔虫化石必须使用不同的实验方法。本教材主要引用了顾松竹和冯庆来(2007)发表于《微体古生物学报》上的样品分类及实验方法。总体上根据不同的岩性,主要分为粉砂质泥岩、钙质泥岩和泥页岩,硅质岩类,钙质岩石(灰岩、泥灰岩)3类。

2. 处理步骤

1)碎样

将岩石样品粉碎至直径约1cm的碎块,对于硬度较小的样品,敲击时注意不要用力过大。

2)浸泡样品

为使化石从岩石中分离出来,不同的岩石使用不同的方法。

(1)粉砂质泥岩、钙质泥岩和泥页岩:加入体积分数15%的双氧水溶液,利用气泡破碎岩石,多孔的样品可以利用芒硝结晶的压力破碎岩石;将样品烘干,倒入热的硫酸钠饱和溶液直接浇在热样上,溶液浸入岩石孔隙中,冷却时晶体析出,破碎样品;经过再次的加热和冷却,可以使岩石全部松散开来(郝诒纯等,1980)。

(2)硅质岩类:首先,将破碎后的岩石置于塑料烧杯中,倒入一定浓度的氢氟酸,反应约24h后,将酸溶液缓慢倒出(此酸澄清后可以重复利用);然后,将溶解下来的残渣轻轻地用水冲洗并倒入另一个烧杯中,待其充分沉淀后倒去上层的清液,重新加入水,重复沉淀、倒清液、加水,直至烧杯中的水呈中性;最后,在盛岩石碎块的塑料烧杯内重新加酸,反应,冲洗,此过程重复7～14d,至烧杯中沉淀了足够的残渣为止。氢氟酸体积分数一般为5%,为使某些不易溶解的部分加速溶解,可以在最开始的几次,或者在换酸的过程中穿插几次将氢氟酸的浓度提高到10%。

(3)钙质岩石(灰岩、泥灰岩):首先,将样品加热至80～100℃,使其完全干燥,必须确保没有水分存在(甚至是孔隙水),所以加热时间可能需要48h甚至更长;然后,倒入100%(至少95%以上)的纯醋酸,加盖,将烧杯置于60～80℃的砂浴中,反应几天或几周;直到杯底沉淀有足够的残渣,倒掉多余的醋酸后洗样。用这种方法时,洗样时的水流速度要很快,以防醋酸被水稀释后溶解化石。也可在将多余的醋酸倒掉后,用氢氧化铵中和1～2h再行洗样(TUR et al., 2001)。

3)洗样

将残渣中较细的成分去掉,使化石表面变得较为干净,以利挑样,具体过程如下。

使用100目和300目的网筛套叠,细者在下,将烧杯中的残渣倾入上层网筛中,烧杯洗净备用;用缓慢的水流冲洗残渣,直到100目网筛中仅剩下粗大的碎屑;移除100目网筛,用双手将300目网筛置于水盆中,用食指和中指轻敲筛底部(图3-4-6),使残渣中较细的物质悬浮起来,同时微微倾斜网筛,使较重的细渣逐渐积于网筛一侧,再慢慢将网筛拿出水面,倒去水盆中的浑水;如此重复淘洗,直至盆中的水不再混浊为止;取烧杯,将网筛中剩余的残渣倾入其中;将网筛斜扣于烧杯口上,一手拿烧杯,一手扶筛,将两者一起移动到水龙头下,将水量调小,使其接近出水口的几厘米几乎没有湍流出现,利用水流从网筛的底面将网筛上残余的细渣冲洗至烧杯中,同时用手旋转网筛,使水流可以冲洗网筛更多的部分;待充分沉淀后,倒去烧杯中的上层清液。

洗样后要用加压水枪彻底清洗网筛,以免混样。没有加压设备时,可将网筛底面向上在水池边缘磕几下,也能除去卡在网筛上的残渣。检查网筛是否洗净的一个简单方法是:将网筛迎光举起,看是否有小点残留其上。

4)烘样

将烧杯置于50℃的烘箱中干燥24h,或者(如果时间允许)任其自然风干。

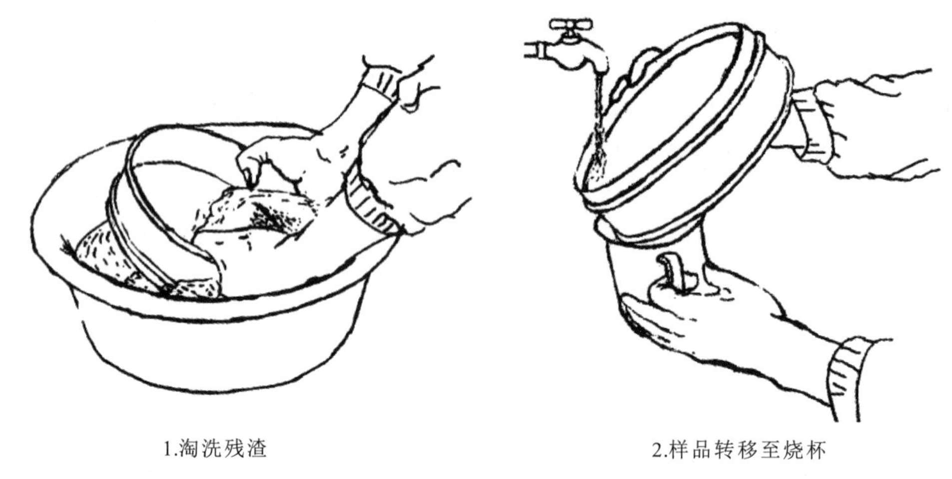

图 3-4-6　洗样操作示意图(顾松竹和冯庆来,2007)

5)挑样(注:挑样环节与实体显微镜使用实习合并为一次)

将获得的干燥样品经过过套筛(150 目+200 目)分样后,分别对不同粒径的样品进行挑样。挑样应该在视域宽广、光线明亮的体视显微镜下进行。将样品在一块玻璃板上均匀地撒上薄薄的一层,这块玻璃板底部应该衬有黑色或者深色的、画有网格的纸,以使有孔虫化石在深色背景下易被发现。挑出的化石用湿润的细毛笔粘起轻放在微体化石盒中。毛笔如果含水太多则会使化石粘在玻璃板上而无法粘起,这时可以将毛笔尖在一张吸水的纸上整理,去掉多余的水分,等化石周围的水干后,再行粘取。该方法花费较低,但是化石易在移动中晃动而丢失。对此,有的公司开发出了金属质的浅方盘作为挑样盘,在其中刻上网格,每个网格的交叉处冲出一个小孔。

挑样时,首先要在显微镜载物台中央固定一个化石盒,确保化石盒中的浅穴位于视域中央。发现化石以后就用毛笔粘起,将视域内的某一个挑样盘上的小孔置于视域正中后,在小孔边缘把笔尖轻轻一刮,化石即掉到化石盒中。挑样用的毛笔应该选用 0 号细毛笔,笔的另一头可以插入大号的缝衣针固定,或另外配一只解剖针,以便随时拨样之用。

化石盒的种类较多,有方孔的、单圆孔的、三圆孔的等,材质有纸质的和塑料的。纸质的化石盒还配有玻璃的盖片和铝合金或 PVC 的护片,三者结合紧密,可以很好地保护样品。塑料制成的化石盒上则自带有活动盖片,使用也很方便。方孔化石盒一般用来盛放一个样品中的所有化石或群落化石;三孔的或四孔的则用来盛放从方孔化石盒中再次挑选出来的某一大类的化石;而单孔者或双孔者用于盛放某个属种的化石。方孔化石盒中有时印有方格,每个方格带有编号,可以用来将扫描电镜拍照后的化石转移并永久保存(图 3-4-7)。

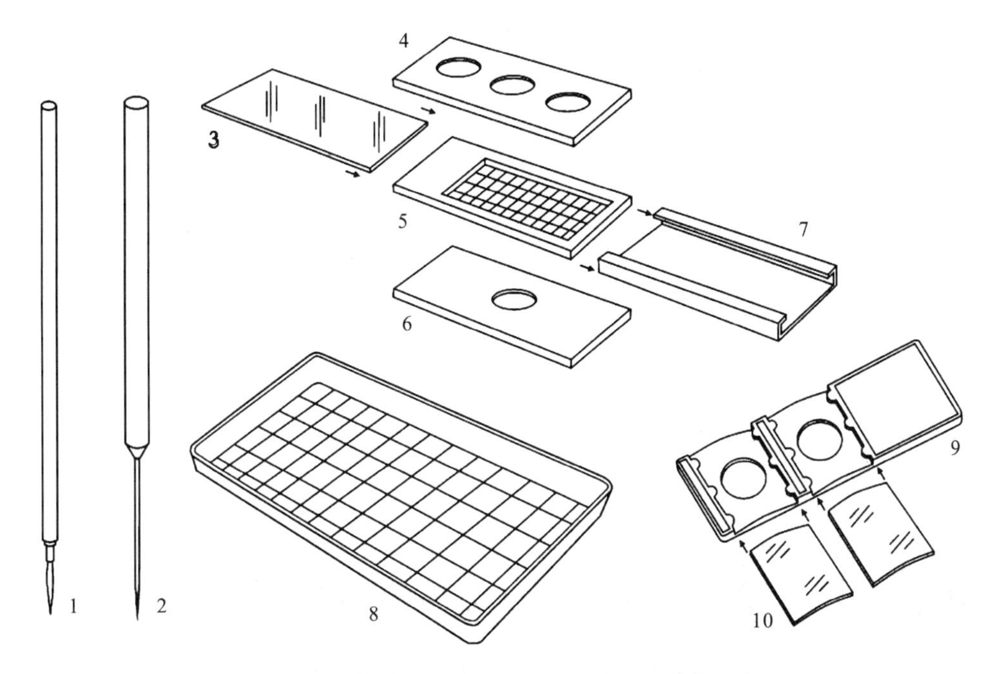

图 3-4-7 挑样所用到的工具(顾松竹和冯庆来,2007)

1. 细毛笔;2. 解剖针;3. 载玻片;4. 三圆孔化石盒;5. 方孔化石盒;6. 单圆孔化石盒;7. 化石盒保护片;8. 挑样盘;9. 塑料化石盒;10. 活动盖片

实习 4:体视显微镜的使用及有孔虫挑样

一、实习目的

(1)熟悉体视显微镜的结构(图 3-4-8)。

(2)掌握体视显微镜的使用方法。

(3)掌握有孔虫化石挑样操作(详细说明见本部分实习 1)。

二、实习内容

1. 显微镜操作和注意事项

(1)安放:右手握住镜臂,左手托住镜座,使镜体保持直立。桌面要清洁、平稳,要选择临窗或光线充足的地方。单筒的一般放在左侧,距离桌边 3~4cm 处。

(2)清洁:检查显微镜是否有毛病、是否清洁,镜身机械部分可用干净软布擦拭。透镜要用擦镜纸擦拭,如有胶或玷污,可用少量二甲苯清洁。

(3)对光:镜筒升至距载物台 1～2cm 处,低倍镜对准通光孔。调节光圈和反光镜,光线强时用平面镜,光线弱时用凹面镜,反光镜要用双手转动。若使用的为带有光源的显微镜,可省去此步骤,但需要调节光亮度的旋钮。

(4)安装标本:将玻片放在载物台上,注意有盖玻片的一面一定要朝上。用弹簧夹将玻片固定,转动平台移动器的旋钮,使要观察的材料对准通光孔中央。

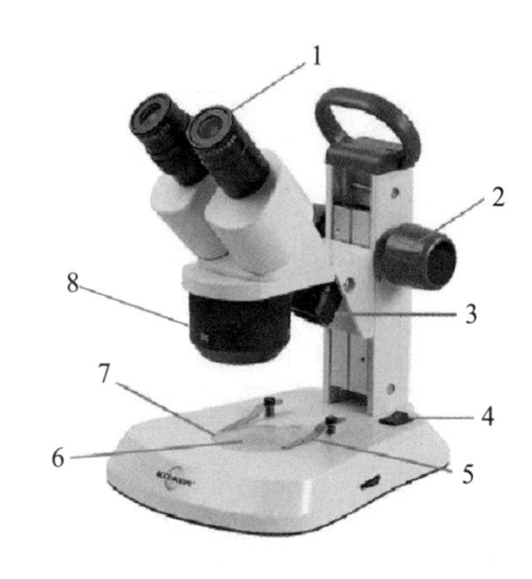

图 3-4-8　体视显微镜

1. 目镜;2. 调焦旋钮;3. 斜射光源;4. 电源开关;5. 物台夹;6. 可观察区域;7. 载物台;8. 物镜

(5)调焦:调焦时,先旋转粗调焦旋钮慢慢降低镜筒,并从侧面仔细观察,直到物镜贴近玻片标本,然后左眼自目镜观察,左手旋转粗调焦旋钮抬升镜筒,直到看清标本物像时停止,再用细调焦旋钮回调清晰。

操作注意:不应在高倍镜下直接调焦;镜筒下降时,应从侧面观察镜筒和标本间的间距;要了解物距的临界值。

若使用双筒显微镜,如果观察者双眼视度有差异,可靠视度调节圈调节,另外双筒可相对平移以适应操作者两眼间距。

(6)观察:若使用单筒显微镜,两眼自然张开,左眼观察标本,右眼观察记录及绘图本,同时左手调节焦距,使物像清晰并移动标本视野。右手记录,绘图。镜检时应将标本按一定方向移动视野,直至整个标本观察完毕,以便不漏检,不重复。

光强的调节:一般情况下,染色标本光线宜强,无色或未染色标本光线宜弱;低倍观察光线宜弱,高倍观察光线宜强。除调节反光镜和光源灯以外,虹彩光圈的调节也十分重要。

观察任何标本时,都必须先使用低倍镜,因为它的视野大,易发现目标和确定要观察的部位。从低倍转至高倍时,只需略微调动细调焦旋钮,即可使物像清晰。

(7)结束操作:观察完毕,移去样品,扭转转换器,使镜头"V"字形偏于两旁,反光镜要竖立,降下镜筒,擦抹干净,并套上镜套。若使用带有光源的显微镜,需要调节亮度旋钮将光亮度调至最暗,再关闭电源按钮,以防下次开机时瞬间过强电流烧坏光源灯。

2. 有孔虫化石基本构造观察(图 3－4－9)

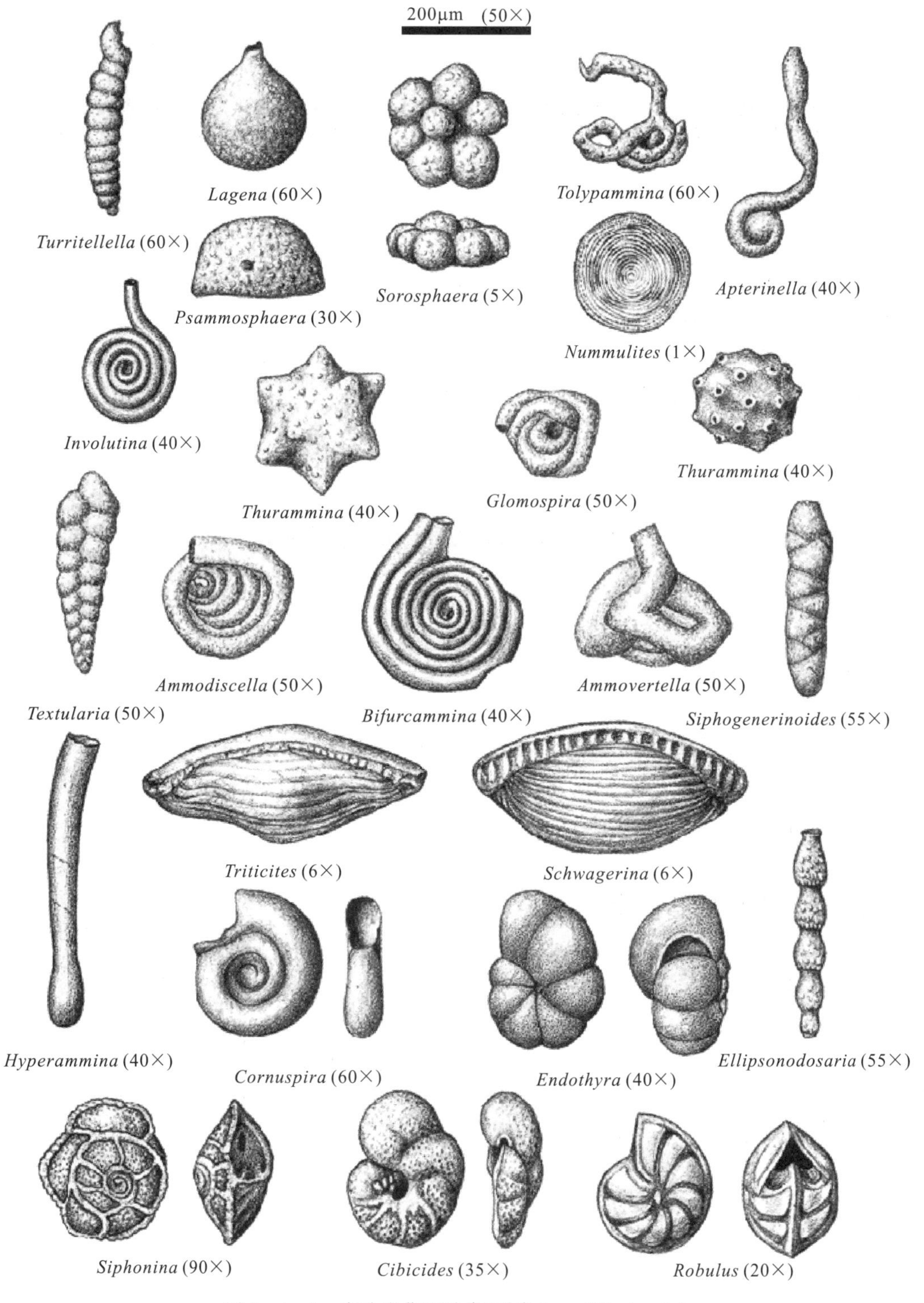

图 3－4－9　有孔虫化石种类(引自 isgs. illinois.edu)

第五部分　海洋地质过程热史资料解释

近年来，研究发现运用磷灰石(apatite)、锆石(zircon)等矿物的裂变径迹(fission track，简称FT)分析可确定区域隆升剥蚀过程、地形演变以及盆地热史，如磷灰石裂变径迹热年代学可重塑地壳上部3～5km内数百万年以来的历史。目前，大量研究海洋环境热历史的成功案例显示了该方法在研究海洋地质过程中(构造、沉积、岩浆等)发挥了重要作用。

实习1：热史和地质过程

一、实习目的

(1)结合教学和实习内容，掌握裂变径迹的退火行为。

(2)熟悉海洋环境中主要地质过程的热史特征。

(3)熟练编绘海洋地质过程的热史曲线。

二、实习内容和步骤

(1)根据图3-5-1所示典型海洋地质环境的热史曲线，请分别描述它们的热演化历史。

(2)根据以上海洋环境中的热演化历史，提供可能的海洋地质过程模型。

(3)打开Google Earth，根据以上实习确定的可能地质演化模型，查找对应的可能海洋区域，查阅文献资料，叙述该地区的地质演化历史。

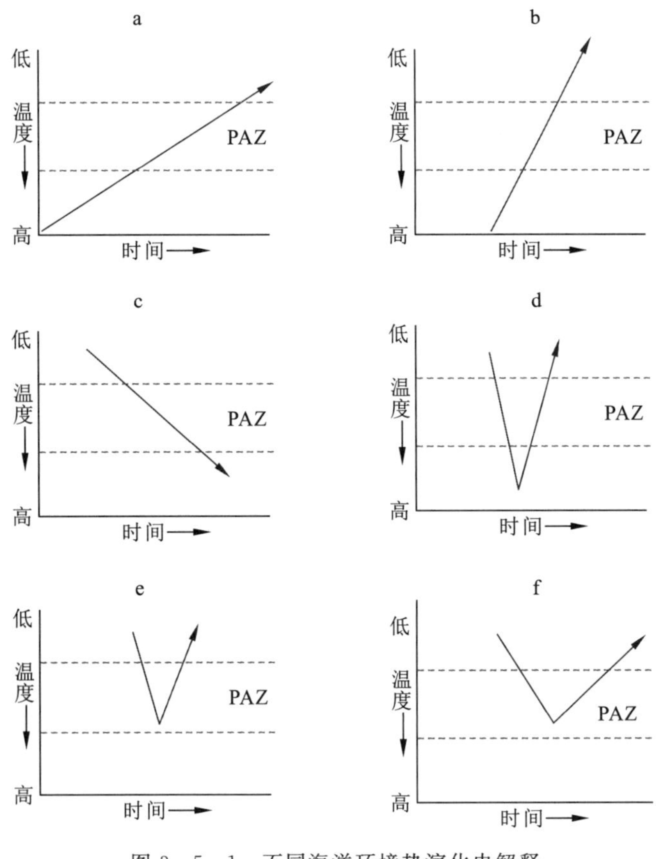

图 3-5-1　不同海洋环境热演化史解释

PAZ. 部分退火区间

实习 2：裂变径迹数据反演海岛地质过程

一、实习目的

(1)了解裂变径迹数据组成：自发径迹数量、诱发径迹数量、Dpar、标准玻璃径迹密度、Zeta 值及误差、径迹长度、径迹与 C 轴的夹角。

(2)熟练运用常用裂变径迹数据处理软件开展数据分析和研究工作。

(3)掌握裂变径迹的长度数据与海洋地质环境热史的关系。

二、实习内容

(1)安装并打开 HeFTy v1.9.3 软件(图 3－5－2)。

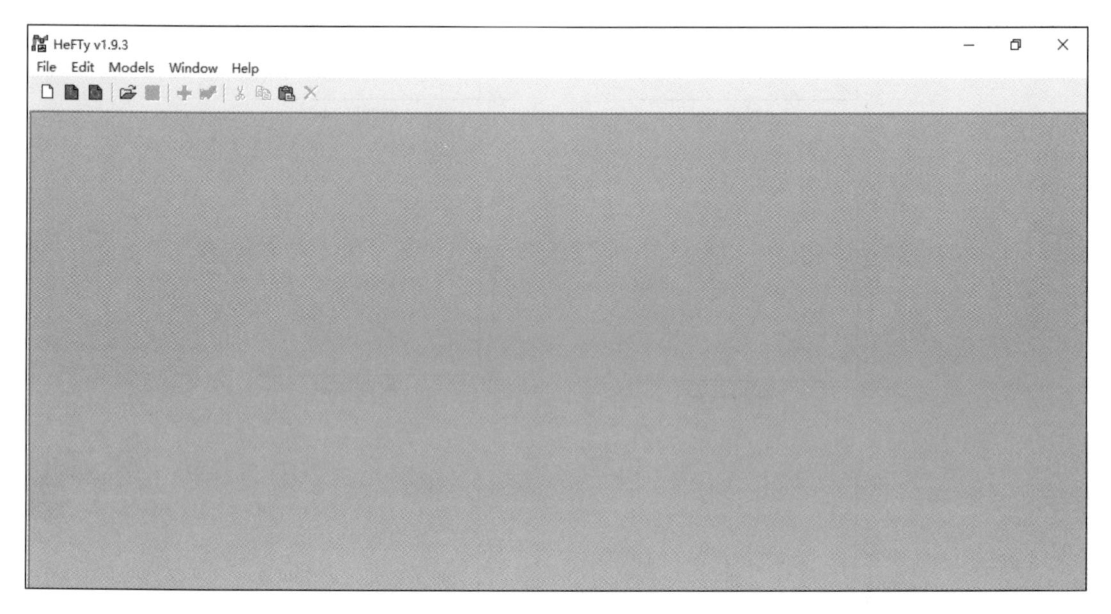

图 3－5－2　启动软件

(2)建立 AFT 模型(图 3－5－3)。

图 3－5－3　建立 AFT 模型

(3)根据任课教师提供的资料，输入裂变径迹年龄和长度数据，选择模型参数(图 3－5－4、图 3－5－5)。

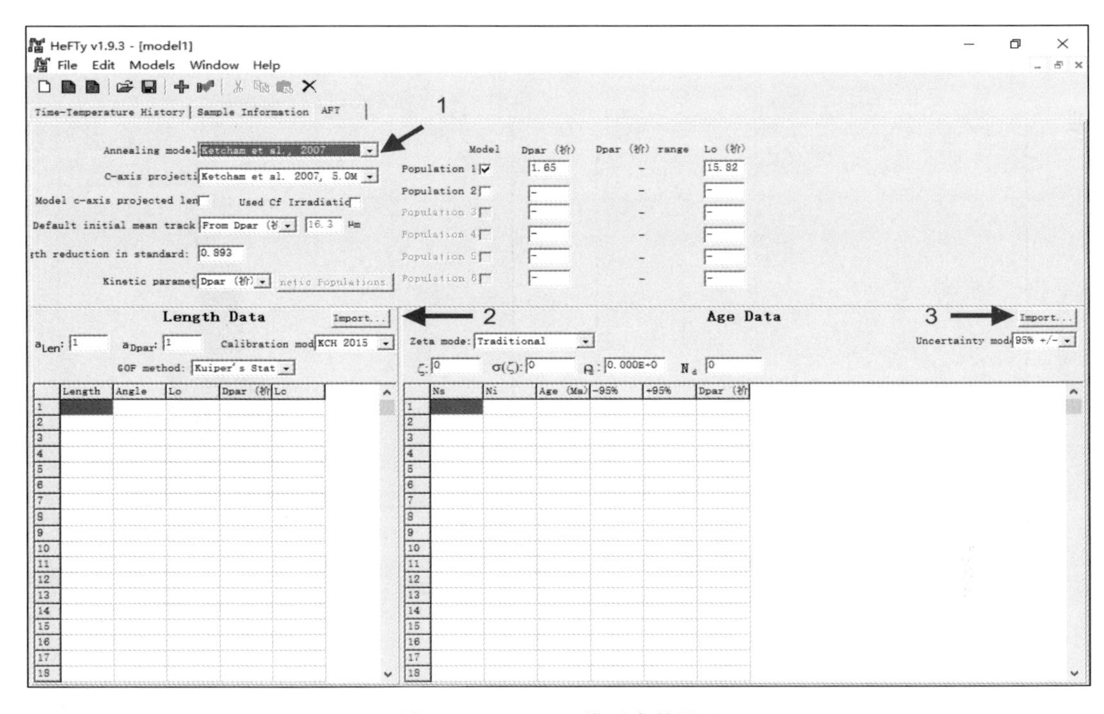

图 3－5－4　AFT 模型参数设置

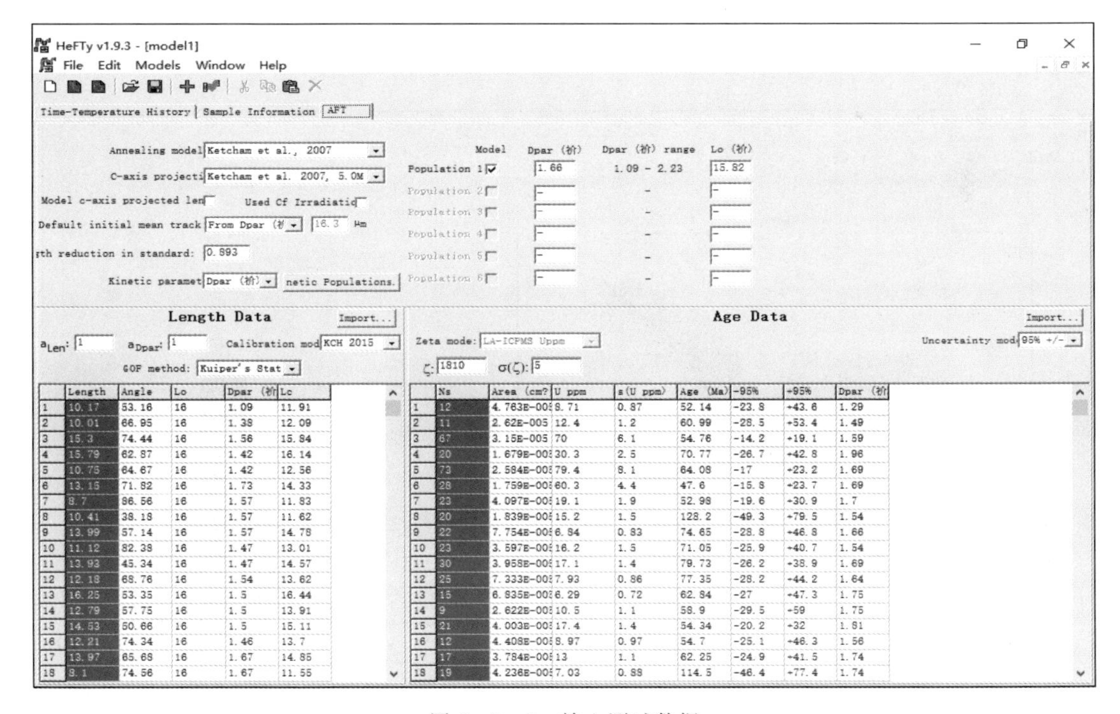

图 3－5－5　输入测试数据

(4)观察裂变径迹年龄数据分布特征，开展正演热史研究(图 3-5-6)。

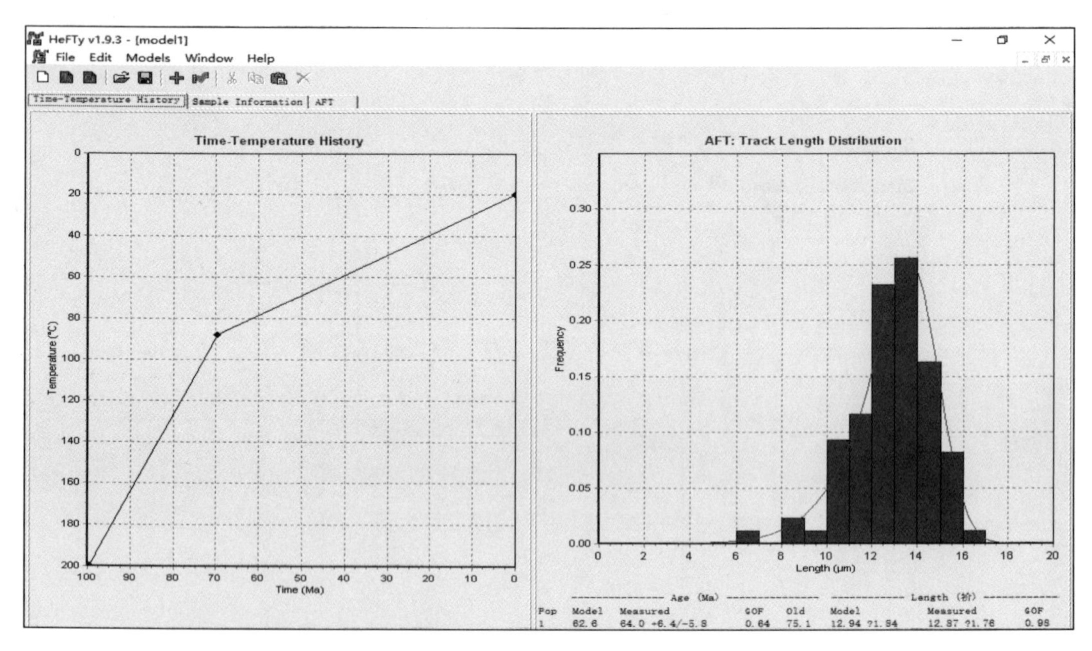

图 3-5-6 正演热史

(5)根据海岛已有地质过程的认识，在模型中提供约束框，设置蒙特卡洛(Monto Carlo)反演次数，确定最优热史曲线(图 3-5-7)。往往该过程需要反复调试，直到得到最符合地质认识的结果。

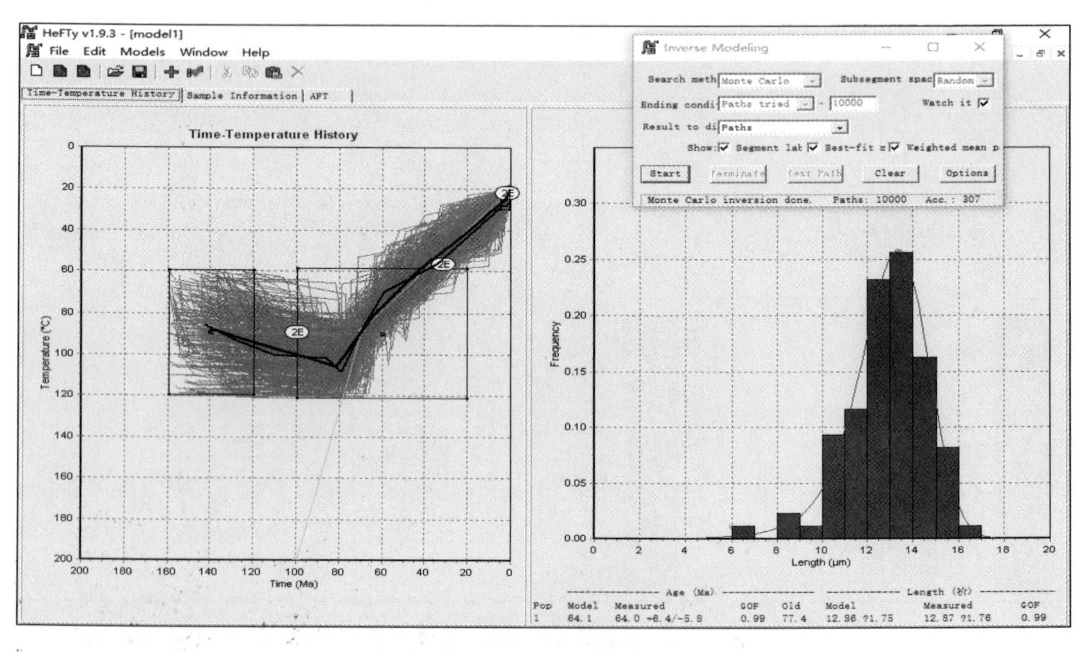

图 3-5-7 反演热史

第六部分　深海沉积砂岩样品碎屑锆石 U-Pb 年代学数据分析

一、实习目的

学习深海砂岩样品中碎屑锆石 U-Pb 年代学测试结果相关知识，以及它对于沉积盆地物源分析的指示意义。

二、实习内容

本部分主要学习碎屑锆石 U-Pb 年代学实验数据的处理流程以及常用软件的分析方法；处理、分析已有深海沉积砂岩样品（琼东南盆地×××井上中新统黄流组砂岩）碎屑锆石 U-Pb 年代学实验结果；收集东南亚各地区已发表锆石定年数据结果，并将样品结果与其分别进行对比分析；探讨这些地区与深海沉积砂岩样品可能存在的物源关系。

1. 软件介绍

Isoplot 是一款用于放射性同位素数据制图、分析和解释的插件型软件，由美国伯克利地质年代学中心 Ken Ludwig 教授利用 Visual Basic 基于 Microsoft Excel 而开发。该软件几乎已成为全球地学界同位素年代学数据处理的"标准软件"。在 U-Pb 年代学领域，Isoplot 常用功能包括制作 U-Pb 谐和图与反谐和图、Pb-Pb 等时线年龄计算、年龄分布频率和概率图、加权平均年龄图以及计算相关年龄结果或平均值等。该软件整体功能非常强大，制作的图件和计算的结果通过分析完善后可以直接用于发表。开发者同时提供了完整的说明书，对部分涉及到的基本原理和软件的所有功能都给予了清晰的介绍，推荐大家仔细研读。目前 Isoplot 存在两个主要运行的版本，即 3.75 版（用于 Microsoft Excel 2003）和 4.10 版（用于 Microsoft Excel 2007 及更新版本），更早的版本仍可使用。

Surfer 是美国 Golden Software 公司编制的一款三维立体绘图软件，最新版本为 Surfer 16。该软件可以轻松制作出大量与其相关的软件，包括地质图、基面图、数据点位图、分类数据图、等值线图、线框图、地形地貌图、趋势图、矢量图以及三维表面图等，是地质工作者常用的专业成图软件之一，在制作地形图、地质图和等值线图等图件时非常高效。

Grapher 是美国 Golden Software 公司推出的另一款功能强大的科学类绘图软件，为科学绘图的主流软件之一。该软件允许用户以多种格式导入数据，创建和组合多种二维和三维图形类型，并以非常详细的方式定制这些图形。目前，Grapher 已经提供了 70 多种 2D 和 3D 绘图选项来最大限度地显示数据，并通过分析数据，得到更全面的解决方案。Grapher 全面的图形定制选项为生成高质量学术图件提供了极大的便利，目前最新版本为 Grapher 14。

2. 锆石基本介绍

锆石是一种常见的矿物，在岩浆岩、变质岩和沉积岩中均普遍存在。锆石中的多种元素和同位素体系可以反映不同的地质信息，因此在地质方面得到了大量的应用。例如，锆石 U -Pb 体系可以记录地质事件发生的时间；Ti 元素含量可用于估计岩浆或变质作用发生时的温度，Ce 和 Eu 异常可记录体系氧化还原状态；稀土元素和其他微量元素能够指示源岩类型或岩石学特征，Lu - Hf 同位素体系可用来反映岩浆作用的物质来源(如幔源或壳源)，O 同位素可反映岩浆物源是否含有来自地表或地壳浅部经历水-岩反应的沉积岩或蚀变洋壳物质。

由于锆石具有高硬度、高稳定性和抗风化能力等优点，当地表岩石经历风化、剥蚀、搬运和沉积等作用后，锆石作为重矿物仍可以被保留在碎屑沉积物中，而且这种碎屑成因的锆石依然可以保留物源区的各种基本信息。碎屑锆石被广泛用于大陆地壳生长演化历史重建、沉积盆地物源分析、现代水系物源分析、古地理环境重建、大型古水流系统的恢复、地层单元绝对年龄的限定、地层最大沉积年龄的约束、地层对比、沉积盆地演化历史恢复、物源区构造环境与演化历史重建、区域剥蚀速率约束等。

3. 详细实习步骤

(1)分小组，每组 5 人左右。

(2)各小组根据给定的包含不同流域岩石样品锆石 U - Pb 年代学实验数据的文献清单下载参考文献。收集参考文献中的样品位置(经纬度)、样品编号及锆石 U - Pb 年代学结果。碎屑锆石常用年龄有 $^{207}Pb^*/^{235}U$ 年龄、$^{206}Pb^*/^{238}U$ 年龄、$^{207}Pb^*/^{206}Pb^*$ 年龄、Th/U 比值(≥0.3 为岩浆成因，<0.3 为变质成因)，以及谐和度[样品年龄结果/($^{207}Pb^*/^{235}U$年龄)×100，要保留 90～110 范围中的结果]和年龄误差(1Σ或 2Σ)。将上述结果制表，筛选出最终使用数据。

(3)各小组利用给定的琼东南盆地×××井砂岩样品碎屑锆石 U - Pb 年代学实验结果，整理出 $^{207}Pb^*/^{235}U$ 年龄、$^{206}Pb^*/^{238}U$ 年龄、$^{207}Pb^*/^{206}Pb^*$ 年龄、Th/U 比值、谐和度与年龄误差，制表并筛选出最终使用数据。

(4)利用 Isoplot 软件对步骤(2)和(3)获得的最终使用数据结果进行概率密度成图分析与加权平均值分析(图 3 - 6 - 1、图 3 - 6 - 2)。

(5)根据锆石年龄概率密度曲线特征，统计年龄峰值事件及其所占比例(图 3 - 6 - 3)。

(6)描述琼东南盆地×××井砂岩样品和不同流域地区样品的年龄结果，计算不同段年龄峰的加权平均值与所占比例(图 3 - 6 - 4)。

(7)对比琼东南盆地×××井砂岩样品和不同流域地区样品的年龄结果(主要考虑年龄

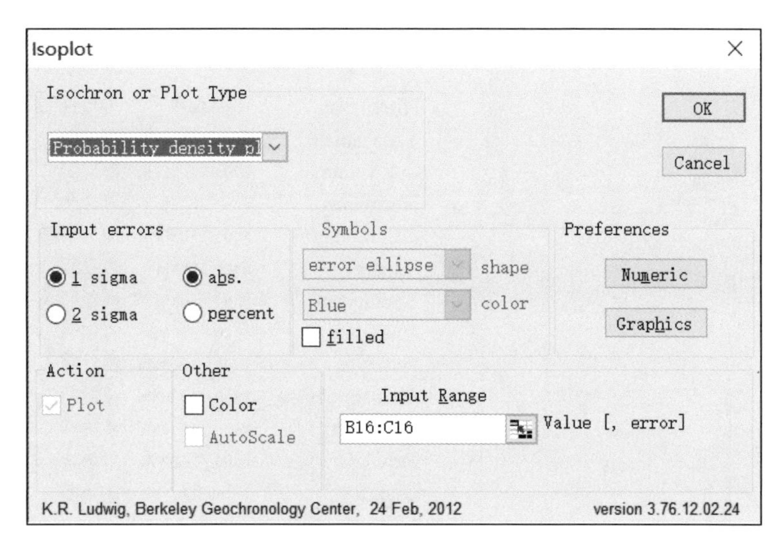

图 3-6-1　Isoplot 概率密度成图分析

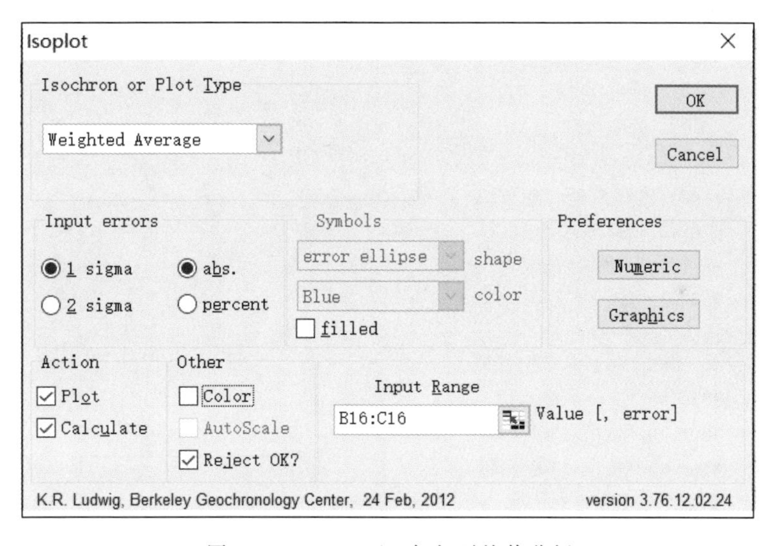

图 3-6-2　Isoplot 加权平均值分析

峰个数是否一致，所占比例是否一致，哪些之间更接近?)，注意分区依次对比，如由远及近或由北向南，注意次序性和逻辑性。

(8)在 Surfer 软件中利用经纬度信息，投点出样品位置，包括琼东南盆地×××井位和不同流域地区(图 3-6-5)。其中，对于文献中没有直接给出经纬度信息的，通过 Grapher 软件将文献中样品位置图数字化后获得经纬度信息，步骤为：新建空白文档→Insert(Add Graphic)→Assign Coordinates→填写边界点坐标信息(三点一面)→Dgitize→读取并记录所选取点的坐标信息。

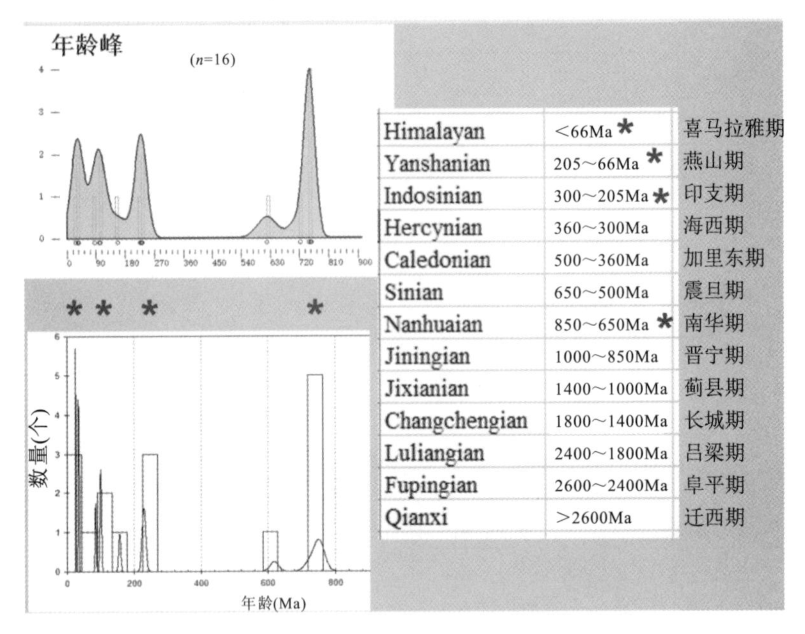

图 3-6-3　年龄概率密度曲线特征及年龄峰值事件

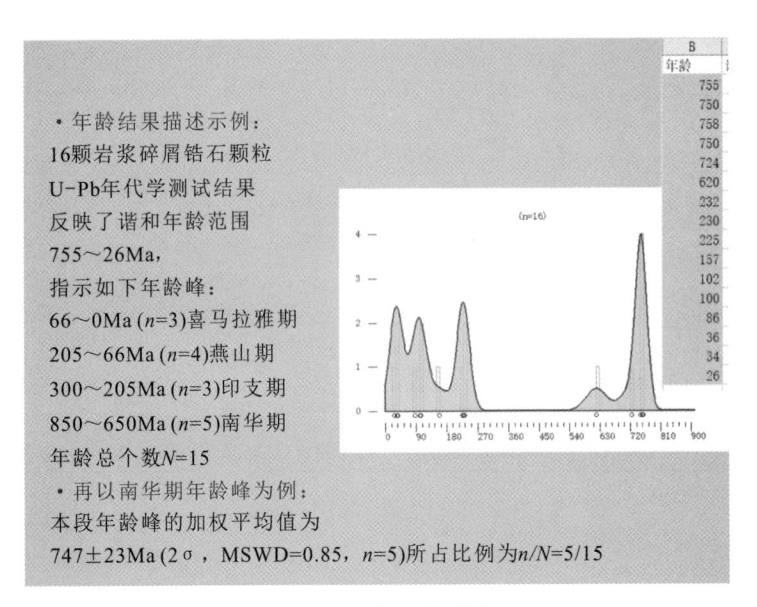

图 3-6-4　年龄结果描述

(9)通过分析对比，回答问题：①所收集资料地区是否可能是所分析深海砂岩样品的物源？②涉及分析多个物源区的，哪个更可能是物源？

(10)完成实习报告。

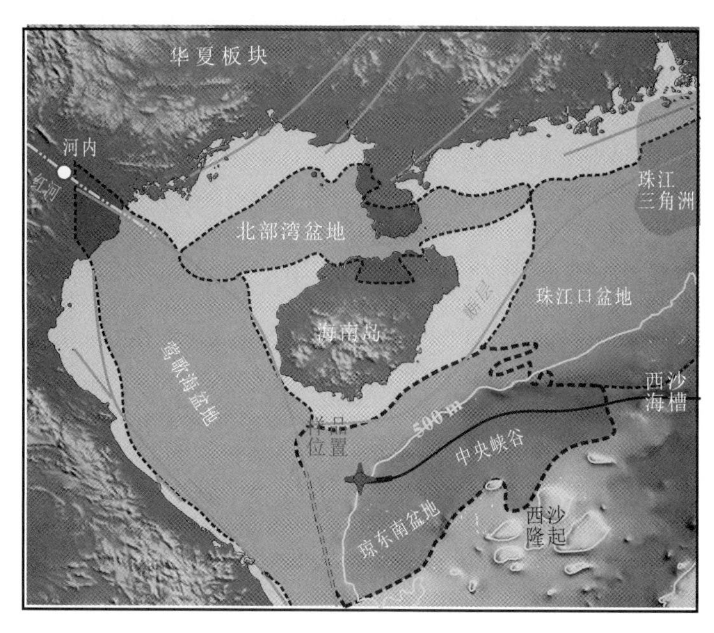

图 3-6-5 琼东南盆地×××井样品位置示意图(CHEN et al., 2015)

4. 实习报告格式要求

××班海洋资料综合解释课程设计一单元
深海沉积砂岩样品碎屑锆石 U-Pb 年代学数据分析与解释
实习总结

姓名:

学号:

小组编号:

文献代码:(例 CHEN et al., 2015)

一、实习目的

(1)了解碎屑锆石 U-Pb 年代学相关知识,学习有关实验数据的处理流程以及常用软件的分析方法。

(2)处理、分析现有深海沉积砂岩样品 qdn-____(各小组实际负责的样品编号)中碎屑锆石 U-Pb 年代学实验结果,并将其与所收集____区(各小组实际对比分析的地区)的已发表数据结果进行对比,进而探讨该地区与深海沉积砂岩样品可能存在的物源关系。

二、碎屑锆石 U－Pb 年代学研究简介(根据所推荐文献自行总结,该处仅为示意)

(1)Gehrels G, 2014. Detrital zircon U－Pb geochronology applied to tectonics[J]. Annu. Rev. Earth Planet. Sci., 42:127－149.

(2)Cawood P A,2012. Detrital zircon record and tectonic setting[J]. Geololgy, 40:875－878.

(3)Vermeesch P, 2012. On the visualisation of detrital age distributions[J]. Chem. Geol., 312－313:190－194.

三、数据收集与处理

1. 样品位置信息

1)文献样品位置信息

所收集已发表样品资料来自__________区(各小组实际对比分析的地区)(图 1),样品编号__________、经纬度__________,样品所处层位属于__________(根据各自所收集文献资料描述,并投点作图 1,图中需标注出深海沉积样品位置以及所收集数据样品区域)。

2)深海砂岩样品位置信息

深海沉积砂岩样品采自中国南海北部琼东南盆地中央峡谷内(图 1),样品编号、经纬度,样品所处层位属于上中新统黄流组(11.6～5.3Ma)地层。

2. 数据处理

1)数据处理流程

处理岩浆/变质碎屑锆石判断 Th/U 此值、谐和度、$^{207}Pb^{*}/^{206}Pb^{*}$ 年龄,还是$^{206}Pb^{*}/^{238}U$ 年龄、误差的流程,请自行组织语言描述。

2)数据处理结果

(1)已发表资料的数据结果制成“表 1　来自____地区的碎屑锆石 U/Pb 年龄”,表中应有样品编号、Th/U 比值、谐和度、年龄、误差值。

(2)深海砂岩样品数据结果制成“表 2　qdn－____碎屑锆石 U/Pb 年龄”,表中应有样品编号、Th/U 比值、谐和度、年龄、误差值。

四、数据分析流程及结果

1. 数据分析流程

概率密度曲线;年龄峰、亚峰区间的确定;年龄峰、亚峰的加权平均值分别用什么软件,设定什么参数,不同软件的优劣,不同参数的意义;请自行组织语言描述。

2. 数据结果

1)文献样品数据分析结果

描述示例:16 颗岩浆碎屑锆石颗粒 U－Pb 年代学测试结果反映了谐和年龄范围 755～26Ma,指示如下年龄峰。

66～0Ma($n=3$)喜马拉雅期:本段年龄峰的加权平均值为______±______(2σ,MSWD=______,$n=$______),丰度为______%;

205～66Ma($n=4$)燕山期:本段年龄峰的加权平均值为______±______(2σ,MSWD=

______，$n=$______），丰度为______%；

300～205Ma($n=3$)印支期：本段年龄峰的加权平均值为______±______(2σ，MSWD=______，$n=$______），丰度为______%；

850～650Ma($n=5$)南华期：本段年龄峰的加权平均值为______±______Ma(2σ，MSWD=______，$n=$______），丰度为______%；

最终制成“图2　来自______地区碎屑锆石U-Pb年龄直方图与概率密度图”，注意横纵坐标名称。

2)深海砂岩样品数据分析结果

内容仿照“1)文献样品数据分析结果”。制成“图3　qdn-______碎屑锆石U-Pb年龄直方图与概率密度图”，注意横、纵坐标名称。

五、讨论

请自行组织语言，讨论必备要点与自选点。

必备要点：①年龄峰个数区间是否一致，不一致的区别在哪里；②如果年龄区间一致，所对应丰度是否一致。

自选点：涉及与多个潜在物源对比的，哪个更加接近一些。

六、结论

请自行组织语言，总结必备要点与自选点。

必备要点：通过分析对比，回答所收集资料地区是否可能是所分析深海砂岩样品的物源。

自选点：涉及分析多个物源区的，哪个更可能是物源。

七、心得体会与建议

请自行组织语言，不作字数限制。

八、参考文献

请自行统计，应包括概况介绍、方法软件、已发表数据所接触到的各篇参考文献，并按标准要求排列整理参考文献。

主要参考文献

顾松竹,冯庆来,2007. 古生代有孔虫实体化石研究方法[J]. 微体古生物学报,24(3):302-308.

郝诒纯,裘松余,林甲兴,等,1980. 有孔虫[M]. 北京:科学出版社.

蓝东兆,程兆第,刘师成,1995. 南海晚第四纪沉积硅藻[M]. 北京:海洋出版社.

罗群,2010. 致密砂岩裂缝型油藏的岩芯观察描述:以文明寨致密砂岩为例[J]. 新疆石油地质,31(3):229-231.

王艳琴,2011. 岩芯观察描述基础[J]. 内蒙古石油化工(20):49-50.

CHEN H,XIE X,GUO J L,et al.,2015. Provenance of Central Canyon in Qiongdongnan Basin as evidenced by detrital zircon U-Pb study of Upper Miocene sandstones[J]. Science China Earth Sciences(58):1337-1349.

DUKE P J,MICHETTE A G, 1990. Modern microscopes:Techniques and applications [M]. New York and London: Plenum Press:272.

KALLENBACH E, 1986. The light microscope:Principles and practice for biologists [M]. Charlese Springfield Illinois: Thomas Publisher.

TUR N A,SMIRNOV J P,HUBER B T,2001. Late Albian-Coniacian planktic foraminifera and biostratigraphy of the northeastern Caucasus[J]. Cretaceous Research,22:719-734.